无人机系统先进技术研究与应用

无人机系统概论

主　编　樊琼剑

哈尔滨工业大学出版社

内 容 简 介

本书对军用无人机系统的有关基本知识和理论做了较为全面、系统的梳理、归纳、分析和综合,初步形成了军用无人机系统概论性的知识理论体系。本书主要内容包括绪论、无人机飞行平台、飞行控制与导航系统、任务载荷与数据链路、任务规划与地面控制站、无人机运用与仿真。

本书注重基础理论的全面性和实用性,侧重于无人机系统的基本知识和主要设备的基本原理。本书可供无人机系统使用、维修、指挥、管理人员学习参考。

图书在版编目(CIP)数据

无人机系统概论/樊琼剑主编. —哈尔滨:哈尔滨工业大学出版社,2023.11
ISBN 978 – 7 – 5767 – 0959 – 9

Ⅰ.①无… Ⅱ.①樊… Ⅲ.①无人驾驶飞机-概论
Ⅳ.①V279

中国国家版本馆 CIP 数据核字(2023)第 129208 号

策划编辑 王桂芝
责任编辑 周一瞳
出版发行 哈尔滨工业大学出版社
社 址 哈尔滨市南岗区复华四道街 10 号 邮编 150006
传 真 0451–86414749
网 址 http://hitpress.hit.edu.cn
印 刷 哈尔滨午阳印刷有限公司
开 本 720 mm×1 000 mm 1/16 印张 13.25 字数 268 千字
版 次 2023 年 11 月第 1 版 2023 年 11 月第 1 次印刷
书 号 ISBN 978 – 7 – 5767 – 0959 – 9
定 价 58.00 元

(如因印装质量问题影响阅读,我社负责调换)

编 审 委 员 会

前　言

　　无人机系统因其"长航时零伤亡""天上无人、人在环路""本土控制、远程作战"等诸多特点,逐步由支援作战地位向主力战斗地位过渡,成为近几年全球局部战争和各国军事冲突中竞相使用的新军事力量。目前,一些军事强国已经初步建成高中低空覆盖、远中近程衔接、亚超音速互补、固定翼旋翼结合,覆盖情报侦察、通信中继、电子对抗、时敏目标打击、战场环境信息保障等任务领域的无人机装备体系,未来将呈现出全域全时空覆盖的应用特点。

　　由于无人机系统的知识体系涉及多学科专业领域,涵盖了空气动力、结构与材料、控制导航、通信技术、人工智能、传感器技术、纳米技术等多个知识门类,因此无人机系统的研究制造、指挥使用、仿真训练等更是一个涉及诸多方面的复杂问题。无人机系统的操控、指挥、管理和使用人员迫切需要一种将无人机系统诸多领域、诸多问题联系起来的概论性参考书籍,以期对无人机系统的基本知识、飞行理论、基本系统构成,以及其使用、军事应用和发展趋势等有一个较全面的整体认识。

　　本书共分六章,第 1 章介绍了无人机系统的概念、发展、特点、分类等;第 2 章对无人机的飞行平台进行了详细的介绍;第 3 ~ 5 章阐述了无人机系统中的飞行器系统、任务系统、任务规划,以及地面控制站、数据链路等问题;第 6 章探讨了无人机运用与仿真训练问题。

　　本书的编写分工如下:樊琼剑教授、国海峰讲师编写第 1、4、6 章内容;张庆杰副教授、郭鑫讲师编写第 2、5 章内容;郑志成讲师、李小龙讲师编写第 3 章内容;赵丹丹副教授、徐亮讲师、蔡亚伟讲师、王龙讲师及张吉队长提供了部分参考资料,并完成了大量的绘图工作。全书由高翔副教授主审,肖伟和周凯校对。全书的内容规范和最终统稿由樊琼剑教授完成。本书借鉴了近年来无人机领域的研究成果,在此一并表示感谢。

无人机系统的理论研究是一个不断向前发展的领域,理论体系的建设需要持续更新和完善。限于编者水平,书中难免存在疏漏及不足之处,恳请读者批评指正。

樊琼剑

2023 年 6 月

目　　录

第1章　绪　　论

本章主要介绍无人机的概念、分类、组成、特点等基本知识,以及无人机的发展历程和现状。通过本章的学习,读者能对无人机系统有一个总体的了解,为下一步的深入学习打下基础。

1.1　无人机系统基本知识

1.1.1　无人机的概念

随着大量高技术的不断运用,无人机发展十分迅速。现代无人机的飞行控制系统与导航系统、火控系统、发动机、自动控制系统都结合在一起,相互控制,以使各系统协调工作,更好地完成飞行任务。其灵活多样的攻击模式、快速有效的火力打击、成本低廉的经费投入、快捷便利的性能提升及近年来突出的战绩使人们对它刮目相看。

无人机的概念是舶来品,英文概念为"an UAV is defined as a powered, aerial vehicle that does not carry a human operator; uses aerodynamic forces to provide vehicle lift, can fly autonomously or be piloted remotely; can be expendable or recoverable; can carry a lethal or nonlethal payload",是指不搭载操控员的一种动力空中飞行器,它采用空气动力为飞行器提供所需的升力,能够自动飞行或进行远程引导,既能一次性使用,也能进行回收,能够携带致命性或非致命性有效负载,即具备"无人、可飞、可控、可带载"的特征。无人机的曾用名包括 Drone、远程操控设备(Remotely Piloted Vehicle,RPV)、无人飞行器(Unmanned Aerial Vehicle,UAV)、远程操控飞行器(Remotely Piloted Aircraft,RPA)、无人飞行器系统(Unmanned Aircraft System,UAS)等。目前,"UAV"这一简称使用频率最高,其在大多情况下指代无人驾驶飞行器。

特别要说明的是,弹道或半弹道飞行器、巡航导弹和炮弹不能看作无人空中飞行器。巡航导弹武器有时被混淆为无人机武器系统,实际上二者之间存在根本性的区别:一是无人机在飞行结束后可以进行回收,而巡航导弹则不能回收;二是无人机携带的弹药无须进行特殊制造,而且并不与机身形成一体,而巡航导弹的弹头则被整合在弹体内。另外,航模与无人机也不能混为一谈,二者存在三

1

个明显区别:一是活动属性,航模活动属于运动项目,具有娱乐性质,无人机则兼具任务性质,如航拍、勘探、救援、侦察、打击等各任务类型;二是控制权问题,航模的控制权在飞手手上,无人机正在逐步具备高度智能自主控制能力;三是飞行范围,航模必须在飞手的视距内飞行,无人机则是基于自身性能特性,根据任务需求在各高度层空间飞行。航模如图 1.1 所示,无人机如图 1.2 所示。

图 1.1　航模

图 1.2　无人机

1.1.2　无人机系统的组成

无人机系统结构框图如图 1.3 所示。

图 1.3　无人机系统结构框图

无人机系统主要由以下几部分组成。

(1)飞行器系统。

飞行器系统完成飞行器的起飞、着陆及空中自主飞行控制,主要包括飞行器平台、动力装置、发射与回收系统、飞行控制与导航系统、电气设备等。

(2)任务系统。

任务系统根据具体的作战要求,完成侦察、轰炸、打击、电子对抗等任务,主要包括武器系统、侦察监视系统、靶标设备、炮兵校射系统、电子对抗系统等。

(3)任务规划及地面控制站。

任务规划及地面控制站为飞行器的起飞、着陆、任务系统的工作提供控制指令,同时在飞行前根据具体的任务,制定、装订相应的任务规划。

（4）数据链路。

数据链路是地面控制站与飞行器之间进行数据传输的通路，分为上行链路和下行链路。

此外，为在战场上灵活应用无人机，需要相应的后勤保障运输车辆和支撑设备等。

图1.4所示为某察打型无人机系统组成示意图。

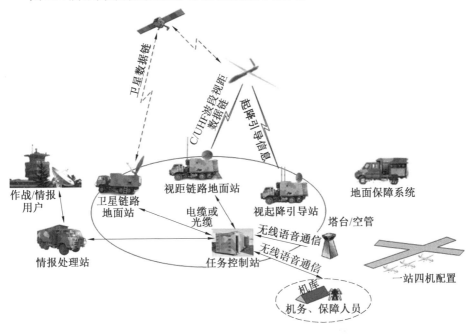

图1.4 某察打型无人机系统组成示意图

图1.4中，无人机系统主要使用高分辨率的成像侦察设备发回实时图像，完成侦察任务；利用组合导航系统实施精准导航；基于地面控制站对飞行器实施操控和监视；通过地面控制站与飞行器间的数据链路或多颗不同波段的通信卫星来完成数据的传输。在联合作战时，空中要通过中继通信卫星完成指挥、控制、通信、计算机、情报、监视与侦察（Command，Control，Communication，Computer，Intelligence，Surveillance，and Reconnaissance，C^4ISR），以及与战区指挥中心的联系任务，地面要通过有线网络连接地面控制站与战区指挥中心。以军事侦察任务为例，作战过程是：作战指挥机构下达任务，对某一地区进行军事侦察；指挥员根据具体的任务要求及环境约束条件制定最佳任务规划；装订了任务规划的飞行器在地面控制站的控制下完成侦察任务。在飞行器进入正常飞行轨道后，尽量减少地面控制站的控制，使飞行器自主飞行。任务系统将搜索到的信息通过下行数据链路发给地面控制站。如果数据传输超出了视距范围，则要进行卫星通

信,即通过地面的卫星上行链路车辆上的发射天线与卫星进行数据传输,卫星再将地面控制站的上行数据传输给飞行器,飞行器也通过卫星给地面控制站传输信息,完成超视距的卫星数据通信。

1.1.3　无人机系统的分类

1. 按用途分类

按无人机的用途,可将其分为无人预警机、无人电子干扰机、多用途无人机、作战无人机和靶机。

(1)无人预警机。

无人预警机用无人机向舰艇提供空中预警或目标探测数据,是对有人预警机、预警卫星等的补充。美国研制的 D-754 舰载垂直起落无人机就是典型无人预警机。D-754 装有线性相控阵雷达,能探测小体积、低空飞行的目标,具有抗干扰能力。从处理目标的数量和探测距离看,其性能与 E-2C 相当。它与航空母舰一起行动时,布置在 E-2C 前方 130 ~ 170 nmile(1 nmile = 1 852 m)处,向 E-2C 传递目标信息。与其他舰艇一起行动,5 架 D-754 可遂行 24 h 预警任务。

(2)无人电子干扰机。

无人电子干扰机是一种压制防空雷达、防空武器与设备等辐射源的无人机,如德国的"蚊子"无人机。它可以从空军、海军的攻击机、轰炸机或地面多管火箭发射器上发射,也可采用常规方式起飞和降落。

(3)多用途无人机。

多用途无人机又称通用无人机,一般可用于通信中继、侦察、监视、搜索、目标指示及其他用途。典型机型有以色列的"猛犬"、意大利的"米拉奇"、加拿大的"CL-227"和美国陆军的"天眼"等。多用途无人机的特点是飞行器具有足够大的载荷舱,搭载有效载荷较多。例如,"天眼"无人机的最大发射质量为 230 kg,有效载荷(含燃油)为 110 kg,其头部载荷舱能够搭载质量为 60 kg、长达 1.5 m 的设备。

(4)作战无人机。

作战无人机是人们最早研制的无人机,也是技术最复杂和发展最慢的无人机。21 世纪初,世界军事强国加大了作战无人机的研制力度,取得了重要成果。作战无人机可分为两类:一类是无人攻击机,这类无人机有以色列的"哈比"反辐射无人机等,美国陆军的"铁鹰"无人机作为陆军前沿防空系统的组成部分,能在 30 km 远捕获并攻击、摧毁敌直升机;另一类是各国当前正在加紧研制的能够进行空战的无人战斗机。

(5)靶机。

靶机是最早得到普遍应用的无人机。自第二次世界大战以来,各国生产的靶机已经达到数十万架。它主要用于防空武器系统的训练、鉴定和发展,可为防空武器系统打靶提供目标,也可模拟敌空中武器系统的信号特征和飞行方式。适用于前一功能的有亚音速、低空超音速、高空超音速靶机;适用于后一功能的有飞机、弹道导弹和巡航导弹的模拟机。这些无人机根据任务的不同,可搭载脱靶量指示器,主动、被动雷达增强器,红外信号发生增强器,电子对抗设备,以及拖靶等。它们承受的最大过载可达 $6g \sim 7g$。

2. 按作战运用层次分类

按照无人机在作战中的运用层次,可分为战略无人机、战役无人机和战术无人机。

(1)战略无人机。

战略无人机属于高端无人机,主要用于战略侦察监视,如美国"全球鹰"高空长航时无人机(RQ-4A),该机能够大范围持久搜集重要目标的数据信息(图 1.5)。此外,美国的 X-47B 隐身无人作战飞机的验证机已完成了实弹投放、协同飞行、航母起降和空中加油(图 1.6)验证试验。

图 1.5　美国全球鹰无人机　　　　图 1.6　X-47B 航母起降试飞

(2)战役无人机。

战役无人机属于中端无人机,主要用于战役侦察监视、目标指示及精准打击,该类无人机最典型的代表就是"捕食者"系列无人机。

(3)战术无人机。

战术无人机属于低端无人机,主要用于战场侦察和目标搜索,如美国的"影子"200 无人机(RQ-7A)、澳大利亚的"气象侦察兵"无人机等。美国空军还为其安全部队装备了一种用于侦察阵地前沿敌方士兵、地雷和临时爆炸装置等目标的微型侦察无人机。

3. 按航程分类

以美军装备的无人机为例,按航程可将无人机分为远程无人机、中程无人机、近程无人机的超近程无人机四类。

（1）远程无人机。

远程无人机通常进行纵深监视和侦察。纵深监视是实现空地一体战的基础,也是纵深打击的先决条件。美国陆军的"苍鹰"能够满足陆军师一级的作战要求,主要用于支持陆军师炮兵部队进行纵深打击。它能在 120 km 以外提供敌活动情报,能在高对抗强度战场生存。该飞行器可按预编程序飞行,有高分辨率电视监视器、激光测距指示仪、前视红外仪等,是唯一能为"铜斑蛇"激光制导炮弹指示目标的无人机。该飞行器雷达反射面小,具有精确导航、目标定位和自动跟踪目标的能力,有抗干扰数据链路,能自动回收。

（2）中程无人机。

中程无人机用于美国海军、海军陆战队,并逐渐推广到全军其他军种。它主要从美国海军 A-6E、空军 F-16 飞机上发射,侦察半径 350 nmile 范围内情报;从 DD-963 级驱逐舰上发射,侦察半径 75 nmile 范围内敌水面舰艇位置;从海军陆战队附近机场发射,侦察半径150 nmile 范围内目标图像;也可从地面发射,遂行上面同样的任务。该机采用复合材料和隐身技术,具有预编程序和空中远距离重编程序自主飞行能力,装备有电光传感器,能在电磁干扰环境下作战。中程无人机可以以高亚音速飞行,其地面遥控站与短程无人机兼容,其回收方式是由直升机从海上进行回收。

（3）近程无人机。

近程无人机主要为作战指挥人员提供半径 100 nmile 范围内的情报或为海炮校射。1986 年,美国海军选定"先驱者"作为近程无人机,该机是"猛犬"和"侦察兵"的改进型,"先驱者"有可更换的电视或红外传感器、电子对抗设备、激光标示器,有抗干扰上行和下行数据链路,有能力向地面的控制站、遥控接收站提供实时监测视频信息。该机主要部署在 LOWA 级战列舰上,可从舰上起飞和回收。

（4）超近程无人机。

超近程无人机活动半径在 10 km 左右,通常是微型无人机。这种类型无人机由于体形微小,燃料装载的空间和质量都有限,无法给无人机提供长航时飞行的动能所需,因此航程短。

4. 按作战纵深度及续航时间分类

以无人侦察机为例,按续航时间和航程的长短,可将其分为长航时无人侦察机、中程无人侦察机、短程无人侦察机和近程无人侦察机。

（1）长航时无人侦察机。

长航时无人侦察机是一种飞行时间长,能昼夜持续进行空中侦察、监视的无人驾驶飞机。长航时无人侦察机又可分为高空型和中空型两种类型:高空型长航时无人侦察机通常飞行高度在 18 000 m 以上,续航时间大于 24 h;中空型长航时无人侦察机一般飞行高度为几千米,续航时间大多不小于 12 h。由于这类无人机的飞行时间特别长,因此又称其为"大气层人造卫星"。目前,高空型长航时无人侦察机已成为无人战略侦察机的主要机型,是世界各国无人机发展的重点。长航时无人侦察机的代表机型主要有美国的"全球鹰"、"狩猎者"(与以色列联合研制)、蒂尔Ⅱ"掠夺者"、蒂尔Ⅲ"暗星",以及以色列的"探索者"和"苍鹭"等。

长航时无人侦察机与侦察卫星相比,具有以下特点:一是成本比卫星低得多,只是卫星成本的十分之一甚至几百分之一;二是在执行任务时,可按照指挥员的意图在选定的目标区域上空进行持续侦察监视,截获和收集目标区完整的情报,而卫星只能按照规定的轨道运行,不能按指挥员随机要求获得某目标区的完整情报;三是无人机可以渗透到离信息源尽可能近的位置,获得像步话机式移动电话的那种低功率信息情报,而卫星却不能;四是由于无人侦察机的飞行高度低(相对于卫星),因此其观察地面目标的分辨率高,也不易受目标区域上空云层等的影响。

长航时无人侦察机与有人驾驶战略侦察机相比,其主要的优势是:不必考虑人的安全问题,在危险区域执行侦察任务时,既不必冒生命危险,也不需派遣护航机保护;无人机能昼夜持续进行空中探测,这些都是有人驾驶战略侦察机所不及的。因此,在未来战争中,长航时无人侦察机,特别是高空长航时无人侦察机将成为侦察卫星的重要补充和增强手段,从而列入"侦察卫星—载人飞船预警机—战略导弹—长航时无人机"防卫作战大系统的一个环节,成为未来战场获取战略情报的重要手段之一。

(2)中程无人侦察机。

中程无人侦察机是一种活动半径在 700~1 000 km 范围内的无人侦察机。它可以实施可见光照相侦察、红外与电视摄像侦察,能实时传输图像。这种无人侦察机主要用于陆军、海军和空军部队,在攻击目标前进行大面积快速侦察,在攻击后进行战果评估,便于高一级指挥员在作战前了解作战区域内敌军的兵力部署、武器装备、战斗能力等情况,制定攻击计划,在战后了解战斗毁伤情况,从而做出再次攻击计划。中程无人侦察机通常采用自主飞行模式,辅以无线电遥控飞行,发射方式多为空中投放和地面发射两种。这类无人机可多次使用,回收时既可依靠降落伞在地面回收,也可由大型飞机在空中回收。中程无人侦察机的代表机型主要有美国的 D-21 高空无人侦察机、324 型"金龟子"和 350 型无人机等。

(3)短程无人侦察机。

短程无人侦察机是一种活动半径在 150~350 km 范围的无人侦察机。这类无人侦察机多数为小型无人机,最大尺寸范围为 3~5 m,全机质量小于 200 kg。在作战时,短程无人侦察机适用于陆军的军、师级和海军陆战队的旅级部队进行战场侦察监视、目标搜索与定位,以及战果评估等。这类无人侦察机上可装备电视摄像机、前视红外装置、红外扫描仪或激光测距、指示器等侦察设备;采用无线电遥控或自主飞行或二者组合的控制方式;回收可采用降落伞回收、滑跑着陆和拦截网回收等方式。短程无人侦察机由于尺寸小、费用低、使用灵便,因此在世界各国都得到了十分的重视,发展很快,是无人侦察机中占比最大的机种,其代表机型主要有"瞄准手""不死鸟""玛尔特""猛犬""侦察兵"和"先锋"等。

(4)近程无人侦察机。

近程无人侦察机是一种活动半径在几千米至几十千米范围的微型无人侦察机。这类无人机飞行速度慢,最大尺寸为 2 ~ 4 m,多数无人机全重小于 100 kg,有些无人机质量小于 20 kg。它适用于陆军和海军陆战队的旅或营级部队,以及小型舰艇进行战地侦察监视,能使指挥员及时准确地了解战场前沿的动态。这种无人侦察机结构简单、携带方便,可装配小型光学摄像机、电视摄像机或微光(红外)摄像机等侦察设备,在执行任务时通常采用无线电指令遥控方式飞行,其代表机型为"短毛猎犬"无人侦察机。

5. 按其他方式分类

除前面几种常见的分类方式外,还存在其他几种分类方式。

(1)按控制方式分类。

按控制方式分类,可将无人机分为程控型无人机、遥控型无人机和复合型无人机。程控型无人机通过机载计算机预编程序,自动导航;遥控型无人机由地面遥控站控制导航;复合型无人机则是将程控与遥控合为一体。

(2)按飞行器质量分类。

按飞行器质量分类,可将无人机分为微型无人机、小型无人机、中型无人机和大型无人机。微型无人机质量在 100 g 以下;小型无人机质量不足 280 kg;中型无人机质量在 280 ~ 2 270 kg;大型无人机质量在 2 270 ~ 6 800 kg。20 世纪 60年代,军用无人机主要是中型机。20 世纪 80 年代后,随着小型化技术与传感技术的发展,各国都在重视发展小型无人机。例如,在 20 世纪 80 年代 17 国研制的90 种无人机中,小型机占 22%。20 世纪 90 年代以后,微型无人机和高空长航时无人机成为军事强国发展的重点,高空长航时无人机多为中、大型无人机。

(3)按无人机使用的动力性质分类。

按无人机使用的动力性质分类,可将无人机分为常规动力无人机和太阳能无人机。常规动力无人机使用燃油作为主要动力,太阳能无人机使用太阳能作为主要动力。

1.2 无人机系统特点及应用

1.2.1 无人机系统特点

无人机之所以越来越受到青睐,被誉为"空战新兵""异军突起的空中力量"等,是因为它具有与有人机等其他飞行器不同的特征和优长。

1. 空战人员零伤亡

无人机上没有乘员,从而可以避免人员伤亡。未来空袭与反空袭斗争将更加激烈,随着对空中目标威胁的增大,有人驾驶飞机将面临巨大的风险,飞行员在战场的伤亡几率会越来越大,作战效能将受到严重制约。人是最宝贵的财富,在现代战争中尽量减少己方人员的伤亡已成为越来越重要的指标。而无人机则不必考虑人员伤亡问题,可以适应更大飞行过载的压力和更加恶劣的飞行环境。在未来无人化战争中,"兵不血刃"将可能成为现实,而无人机是实现这一目标的重要手段之一。

2. 设计自由度大

在设计上,无人机没有驾驶舱及相关的环控救生设备,除降低了飞机的质量和成本外,还放宽了设计上的限制,飞机各组成部分的位置安排可以更自由。另外,还可以采用更灵活的气动布局和结构设计。由于不用考虑人的承受能力,因此无人机的机动载荷因数可以更高。

无人机的体积也可以根据需要进行调整。现在,采用轻型材料乃至纳米材料及微电技术,研发巴掌大小乃至昆虫大小的无人机已不再是科学幻想。例如,美国的"微星"无人机机长和翼展都不足 15 cm,质量为 100 g 左右,这种微型无人机既可飞入建筑物内进行侦察,又可作为视听监视哨附着在建筑物或装备上。

3. 价格相对较低

与有人机相比,无人机结构较简单,动力装置和机载设备相对便宜,加之不需要乘员的生命保障和安全救生系统,所以造价相对低廉。

在价格方面,目前世界上无人机的价格平均在几千美元到几十万美元,接近 100 万美元的只有 6%,只是有人驾驶飞机的几十分之一乃至几百分之一。例如,美国"联合打击"战斗机售价 3 700 万美元,有人驾驶侦察机 TR-1 售价约 4 000 万美元, B-2 轰炸机售价更是高达 12 亿美元,而当今世界上最先进的蒂尔Ⅲ"暗星"无人侦察机每架售价只有 1 000 万美元,美国海军陆战队研制的"龙眼"无人机每架售价只有 3 万美元。

在人员培训方面,就驾驶员的培训费用和燃料消耗而论,无人机比有人机也要低得多。无人机操纵人员的培训仅需 3~6 个月,而有人机驾驶员的培训则需要 3~4 年。

在燃料消耗方面,一架 F-4"鬼怪"飞机每年要消耗 200 万 L 燃料,而用一架无人机完成同样的任务只需消耗 1 万 L 燃料。

在执行侦察任务方面,与侦察卫星相比,无人机成本通常只是卫星成本的几十分之一,甚至几百分之一。卫星从轨道上每隔一小时观察一次目标需要 24 颗以上的卫星,这就大大提高了卫星侦察的运行成本。美国装备的高空长航时无人机"全球鹰"的造价约为 5 100 万美元,整个系统算在一起,单价为 7 370 万美元。

在高技术武器日趋昂贵导致国防预算节节攀升的情况下,从经济角度考虑,物美价廉的无人机自然会受到各国军方的青睐。

4. 起降条件较简便

有人机必须利用专用机场跑道起降,而无人机能从多种平台上发射和回收,如从地面车辆、舰船、航空器、亚轨道飞行器、卫星等平台上进行发射和回收,小型无人机甚至可以人工手持投掷发射,微型无人机的起降条件则更为宽松。在无人机上安装 GPS 定位仪或预先存储行动方案,无人机即可实现自动控制和自主行动。例如,美国海军舰载无人机使用液压、气动弹射器或火箭助推器发射升空,完成任务后可自由降落水面,可以实现定点垂直起降、空中悬停和全方位机动。

5. 机动性强

由于无人机上没有乘员,因此其性能完全不受人类生理条件限制,包括:可超越飞行员的生理极限进行高空、超高速飞行,如无人战斗机的航速可达到 12 倍音速;可以深入被核生化污染地区的上空执行探测取样等危险性极大的任务;可以在恶劣的环境和气象条件下执行任务;续航时间长,如高空长航时无人机的续航时间可达 24~48 h 等。有人驾驶飞机由于受乘员生理承受能力的限制,最大机动载荷只有 +9g 和 -4g,而现役无人机的最高机动载荷已达到 ±12g,这对遂行作战任务十分有利。

6. 续航时间长

在续航时间方面,有人驾驶飞机的性能大大低于无人机。高空长航时无人机可以通过遥控实施快速机动,能昼夜持续进行空中侦察,一般至少可留空几小时以上。例如,美国在战争中使用的"捕食者"续航时间可达 20 h,可在战区上空昼夜不停地侦察和监视。因此,一些国家将无人机列入"军用卫星—载人飞船—预警机—战略导弹—长航时无人机"防卫作战系统中的一个环节,用以执行战略侦察,直接向 C⁴ISR 系统提供信息,成为获取战略情报的重要手段。

7. 缺点与不足

无人机与有人机相比,虽然有上述多方面优点,但也有一些不足和许多需要改进之处。例如,无人机易在空中发生事故,坠毁的危险大;目前无人机数量只占总飞机储备量的很小一部分,远远不能代替有人机;特别是在战斗性能方面,有人战斗机、轰炸机等要比无人机强很多。隐身技术的应用、避免电子干扰、识别敌我、无人机编队协同飞行及空中管制等都是世界级的技术难题,必须依靠大量经费和高科技进行研发才能逐步得以解决。因此,在今后一个相当长的时期内,有人机还不能完全被无人机取代,而是要二者优势互补,相得益彰,配合使用。

1.2.2　无人机系统实战应用

迄今为止,无人机已经经历了多次局部战争的实战考验。在 20 世纪 60 年代的越南战争、20 世纪 70 年代和 80 年代的两次中东战争、20 世纪 90 年代的海湾战争和科索沃战争、21 世纪初期的阿富汗战争和伊拉克战争中,无人机卓有成效地执行了多种军事任务,包括照相侦察、撒传单、信息情报搜集、布撒雷达干扰箔条、防空火力诱饵、防空阵地识别、直升机航路侦察,以及为武器系统提供目标定位、目标指示、目标动态监视和目标毁伤评估等实时情况。

1. 越南战争中的应用

无人机直接用于战争始于 20 世纪 50 ~ 70 年代的越南战争。为降低飞机损毁率和飞行员的伤亡率,美军在越南战场开始推行使用无人机加装照相、雷达、弹药等,担负战场侦察监视、诱饵欺骗、对地打击和电子战等军事任务。据当时统计,1965 年用 13 枚地空导弹就能击落一架军用飞机,由于采取了干扰措施,因此 1967 年需 33 ~ 55 枚,即便如此,B-52、F-4 鬼怪式飞机等仍不时被击落。为减少飞行员伤亡和飞机被击落的损失,美军首次使用瑞安-147 系列无人机、D-21 高空无人侦察机、GAM-72“鹌鹑”无人诱饵机、QH-50C 无人直升机等,共出动 3 400 多架次。例如,1964—1975 年,瑞安-147 系列无人机共计在越南上空执行任务 11 年,仅 1972 年一年就出动近 600 架次,获取情报数量占美军获取情报总量的 80%。越南战争期间,无人机主要执行空中照相侦察和电子情报等任务,损失率为 16%,这意味着避免了近 550 架有人驾驶飞机被击毁,也避免了一千多名飞行员命丧越南。

2. 两次中东战争中的应用

以色列在两次中东战争中创造性地使用了无人机:一次是 1973 年的第四次中东战争,以色列沿苏伊士运河大量使用美制“石鸡”(BQM-74C)多用途无人机模拟有人作战机群,掩护有人机超低空突防,成功地摧毁了埃及沿运河部署的地空导弹基地,扭转了被动的战局;另一次是在 1982 年的黎巴嫩军事行动中,以军先派遣"猛犬"无人机,从1 500 m高度进入贝卡谷地上空,发出酷似以色列战斗机大小的"电子图像",诱使叙利亚地空导弹阵地的雷达开机并发射大量地空导弹,从而让以色列迅速摧毁了叙利亚的防空阵地。以色列对无人机的成功运用引起了各国军方的重视,加上无人机造价低、用途广、"零伤亡"的优势,引发了一股竞相研究和采购的热潮,从而大大加速了无人机的发展和使用。

3. 海湾战争中的应用

相比于越南战争,1991年海湾战争中无人机的发展和使用有了长足的进步。以美国为首的多国部队开始广泛使用无人机参战,在无人机数量、续航时间、种类、型号等方面明显增多,主要包括RQ-2"先锋"侦察无人机6套88架、BQM-147A"敢死蜂"侦察无人机5 060架、FQM-151A"短毛猎犬"无人机20架、BQM-74C侦察靶机2 000架、ADM-141A诱饵无人机500架、TALD诱饵无人机500架等。其中,RQ-2"先锋"无人侦察机是海湾战争中使用最多的一种,总共执行了533架次的飞行任务,飞行时间累计1 638 h,担负了为美国及多国部队掌握伊拉克战场态势、评估空袭效果等任务,昼夜不间断提供实时情报,对干扰伊拉克防空体系和通信系统也发挥了重大作用。无人机的广泛使用为多国部队实时了解伊拉克军事目标分布、防空系统情况、军队和武器装备的部署及调动、战场态势及评估空袭效果都提供了主要依据。同时,无人机在干扰、压制伊军新防空体系和通信系统上也发挥了重要作用。海湾战争中,无人机的广泛使用和出色表现也引起了世界各国,尤其是发达国家的高度重视,加速了无人机系统的发展。

4. 科索沃战争中的应用

科索沃战争中,无人机起到了有人驾驶飞机不可替代的作用。在此期间,使用各型无人机多达300余架,主要包括"捕食者"系列中远程无人侦察机,以及"猎人""先锋""红隼""不死鸟""米拉奇26"等,共计飞行超过1 400 h,完成了侦察并核实南斯拉夫军队部署地点,战场外监视、控制阿尔巴尼亚族人占领区的局势,评估北约战术和轰炸航空兵对南斯拉夫基础设施的攻击效果等作战任务,提升了无人机的作战地位,也为其后续发展奠定了重要基础。

5. 阿富汗战争中的应用

阿富汗战争中,美军首次将攻击型无人机用于实战,出动的机型主要包括RQ-1B"捕食者"无人机、RQ-4A"全球鹰"无人机、RQ-11B"大鸦"无人机和"龙眼"无人机,主要执行战场感知、通信中继、目标定位和精确打击等任务,共计出动无人机1 300架次,协助摧毁目标700个。无人机在阿富汗战争中大显身手,成为追捕本·拉登及其"基地"组织成员最有效的兵器,尤其是对"基地"组织成员发动的空袭,开创了无人机直接实施空地打击的先河。2001年11月15日凌晨1时左右,一支随塔利班大部队撤出首都喀布尔的单独行动小分队来到一个小镇稍事休息。此刻,一架美军"捕食者"无人侦察机在夜幕的掩护下,在其上空已经盘旋了 20 h。机上的夜视摄影机在 4 000 m 的高空将地面上行人的相貌轮廓看得一清二楚。通过镜头和通信卫星系统传送的图像,远在美国佛罗里达州的美军指挥中心得以判断小镇上的一幢三层楼的旅馆里有不同寻常的目标,随即指挥在附近执行战斗巡航任务的三架 F-15 战斗轰炸机协同这架"捕食者"实施攻击。三架飞机各投下一枚 2 500 lb(1 lb=0.454 kg)的激光制导炸弹,无人机自带的两枚激光制导炸弹则对停车场进行了补射。顷刻间,建筑物陷入一片火海,近百人当场毙命,其中包括塔利班副手阿提夫。无人机的这种杀伤能力是其作战能力的拓展。

6. 伊拉克战争中的应用

无人机在伊拉克战场全程都担负了重要任务,为英美联军提供了广泛的作战能力。除传统的侦察领域外,无人机还进一步拓宽了监视取样、核查评估、电子对抗、通信指挥等作战使用范围,攻击能力也大幅提升。无人机的使用越来越符合美军"非接触"和"零伤亡"的战争理念,伊拉克战场也成为无人机作战概念的试验场。在伊拉克战争中,美军使用无人机的机型多达十几种,这一数量是阿富汗战争时的 3 倍多,主要包括陆军的"猎犬""指针"和"影子"无人机、海军陆战队的"龙眼""先锋"无人机和空军的"全球鹰""捕食者"无人机。另外,还包括其他几种小型无人机系统,用于支援特种作战需求。在伊拉克战争中,美军首次投入实战的无人机是"龙眼"和"影子"。在"自由伊拉克"行动中,第一次使用无人机"全球鹰"承担攻击协调和侦察任务,把"全球鹰"作为关键情报、监视和侦察平台,与有人战斗机结对,为战斗机传递数据,对伊拉克的导弹系统进行了攻击。

7. 现代战争中的应用

无人机在过去的战争中大多采用"独狼"式作战模式,随着战场环境裂变加剧,"空空""空地""空海"等联合作战需求激增,无人机除保持常规作战模式外,新作战样式也不断涌现。例如,2018 年俄军反制叙利亚境内 IS 组织的无人机集群袭击事件;2019 年也门胡塞武装使用集群无人机空袭沙特阿美石油公司两处石油设施;2020 年土叙之间的"春天之盾"及阿亚之间爆发的"纳卡冲突",大量无人机用于侦察监视空袭等作战过程;2022 年俄乌军事冲突中,无人机日均百架次的使用频次,几万架次的使用量足以让无人机战争作用越来越显著。以上这些典型作战样式标示着无人机作战从"战术性使用"向"战略性运用"的历史进程突然加速,这意味着从"深空"到"深海"甚至"深地"的广大空间将不再有作战"真空地带",无人作战边界将从单一领域向全域全维拓展,未来无人智能作战场景已然显露。

1.3 无人机发展历程及现状

1.3.1 无人机发展历程

人们之所以把无人机称为"空战新兵"或"异军突起的空中力量",是因为无人机的发展历史还不足百年,而形成发展浪潮是在 20 世纪后期。了解无人机发展历史有助于加深对无人机的认识,更有助于借鉴历史经验,促进无人机未来的发展。

1. 初期研制阶段

无人机的发展历史可以追溯到 20 世纪初期。1914 年第一次世界大战爆发后不久,英国皇家空军利用无线电技术手段,装备一架小型飞机,装上炸药后将其引导到目标区,用以攻击德军空中和地面目标。该产品被命名为 AT,即"空中靶标"。不久,世界上第一种一次使用的轻型航空发动机问世,取代了笨重的转子发动机。1916 年,在此发动机基础上很快产生了一架方形机身、带四轮起落架的双翼无人机。不过,该机及其后英国研制的各种无人机均因技术尚未成熟而试航失败。

与此同时,美国人也在研制无人机。美国的第一架无人机于 1917 年 11 月 10 日在纽约长滩的试飞场试飞成功,可以说是无人机程控飞行的首次成功实践。但实际上,这种无人机只是"自动飞行的炸弹"。

从现代无人机定义来看,无人机是指可飞行、可控制、可回收、可执行任务的无人驾驶飞机,因此真正意义上的第一架无人机应该是 20 世纪 30 年代英国的"蜂后"无人机。"蜂后"是无线电遥控全尺寸靶机,1934—1943 年间共批量生产了 420 架该型机,均在英国海军和陆军服役。

第二次世界大战期间,德国人把靶机技术与遥控技术结合起来,在德国庇内门德基地研制成世界上第一枚飞航式 V-1 型导弹。第二次世界大战末期,还研制成 V-2 导弹和"莱茵女儿"等导弹,从而从无人机中派生出一个新族——导弹。由于第二次世界大战后各国竞相发展,因此形成了一个独立的导弹族系,到目前为止已发展成 7 大族系 800 多种导弹,而导弹技术的发展反过来又促进了无人机的发展。

2. 飞速发展阶段

无人机在近现代战争中突出的战绩令各国高层军事首脑对它刮目相看,普遍认识到无人机作为军队战斗力倍增器的作用和地位及其潜在的军事价值,从而为无人机迅速发展提供了强大动力。20 世纪 90 年代冷战结束后,各国军费削减,军队裁员,迫使军方努力寻找既能完成特定任务,又花费较少的途径,这无疑给无人机的发展提供了机遇。从军事使用角度看,无人侦察机是侦察卫星和有人侦察机的重要补充。它与侦察卫星相比,具有成本低、侦察地域控制灵活、地面目标分辨率高的特点;与有人侦察机相比,具有可昼夜持续侦察的能力。20世纪电子技术和航空航天技术的飞速发展为无人机在技术上提供了可能。以上因素促使无人机进入一个新的时代并在20世纪末形成了三次发展浪潮。

第一次浪潮是发展师级战术无人机系统。在海湾战争之后,性能各异、技术先进、用途广泛的战术无人机新机种不断涌现,全世界共有30多个国家装备了师级战术无人机系统,在陆、海、空三军组建了无人机队。代表机型有以色列的"侦察兵""先锋""搜索者"、美国的"猎人""先驱者"、法国的"玛尔特"、德国的"布雷维尔"、加拿大的CL-289、英国的"不死鸟"、意大利的"米拉奇-26"、南非的"探索者""秃鹫"和俄罗斯的"熊蜂"等。

第二次浪潮是发展中高空长航时无人机系统。1993年,美国启动了"蒂尔"无人机发展计划,自从美国的"捕食者"中空长航时无人机在波黑和科索沃战场试用获得成功之后,第二次发展浪潮就开始形成了。此次浪潮的规模虽比第一次浪潮小得多,仅有美、以、法少数国家投资发展,但因长航时无人机所独具的全天候、大纵深侦察监视能力很有吸引力,所以许多国家对此系统表示了极大兴趣。代表机型有美国的"捕食者""全球鹰""暗星"、以色列的"苍鹭""赫尔姆斯"、法国的"鹰""萨若海尔"等。

第三次浪潮是发展旅/团级战术无人机系统。20世纪末出现的第三次较大的无人机发展浪潮是旅/团固定翼和旋翼战术无人机系统的发展。此类无人机与大型战术无人机相比,体积小、机动性好、价格低廉、使用简便且容易与其他军事设备配套。该类无人机装备陆军、海军陆战队旅/团级部队和海军舰队,可执行多种军事任务,用途极为广泛,非常适合大量发展中国家的需要。代表性机型有美国的"影子""火力侦察兵"和奥地利的"坎姆考普特"等。

显然,无人机的发展是沿着技术进步和战争需求变化这两条路径行进的。尽管早在第一次世界大战以后,英国就出现了初具形态的无人机,但是因为技术原因,直至20世纪70年代无人机都并未受到青睐,所以当时美国军方甚至还终止了无人机研发计划。然而,始于20世纪70年代初的新技术革命却为无人机的发展注入了新的活力,新技术革命下的高科技及其产业化所创造的发展进程是连锁累进式的,并由此带来了科学技术整体上的变化。正是这样的一个背景带来了20世纪80年代以后无人机研制的质的变化。可以说,没有以高科技为核心的新技术革命,便没有今天无人机的发展。

从战争发展规律看,战争对武器装备的需求是步步深化的。自无人机问世以来,人们就千方百计地开拓它的对地攻击能力,其后又逐渐发展其运输、侦察等性能。最初的无人机从严格的意义上看,只能称为"自动飞行的炸弹",仅具有对地的攻击能力。而20世纪60年代以后,应苏美争霸和越南战争的需求,无人机开始用于战场侦察和目标监视。在1982年的以叙战争中,无人机又被赋予了佯攻和诱攻的功能。20世纪90年代以后,立体战成为主要战争样式,无人机又成为三维战中无人化作战平台的主要武器装备之一。无人机自身优势能够适应高风险地区作战需要,因此大幅度提高了部队的作战效能。

1.3.2　世界无人机系统发展现状

1. 美国

作为最早研制无人机的国家之一,美国凭借雄厚的经济实力和先进的技术支持,已经形成一个远、近,高、中、低,大、中、小,战略、战役、战术等各层面梯次搭配的庞大无人机家族。2013年,美军已经投入使用的无人机多达百余种。同年,美军无人机装备规模达10 964架,飞行小时数逐年激增,2016年超55万h。到2017年底,现役大型无人机总量达到498架("捕食者"系列无人机达417架)。近年来,美国主导这一市场的部分原因在于其研究深度和生产计划广度。2018年6月,美国《时代》周刊杂志刊发了以"无人机时代"为主题的封面报道,提出无人机这一重大技术很可能正在走过其发展的历史拐点,即将从愿景阶段走向大规模实用阶段。本节仅列举美国几种最具代表性的察打型无人机,其基本性能见表1.1。美国察打型无人机如图1.7所示。

表1.1　美国察打型无人机基本性能

机型	基本战技指标	任务类型	侦察载荷	武器载荷
"火力侦察兵"	旋翼,巡航高度6 km,作战半径约280 km,续航能力约9 h,全机挂载能力363 kg	对低空及地(海)面目标巡逻监视、侦察打击	合成孔径雷达、激光指示器/测距仪	导弹、火箭弹、鱼雷和其他武器系统
"捕食者"A	翼展14.8 m,续航时间40 h,巡航速度126 km/h,机内侦察载荷204 kg,机外武器载荷100 kg	对中低空静目标、低速动目标侦察打击	EO光电球、合成孔径雷达、电视摄影机等	"海尔法"空地导弹

续表1.1

机型	基本战技指标	任务类型	侦察载荷	武器载荷
"捕食者"B——死神	翼展20 m,机内载荷360 kg,机外可挂载1 360 kg武器,最大飞行速度460 km/h,可持续备战飞行15 h,满载时巡航高度9 km	对中高空静目标、中低速动目标侦察打击,为地面部队提供近距空中支援	EO光电球、合成孔径雷达、电视摄影机等	GBU－12激光制导炸弹、AGM－114海尔法空地导弹、GBU－38联合直接攻击弹药和小直径炸弹等,最多能携带14枚"海尔法"空地弹
"捕食者"C——复仇者	具备一定的隐身能力,翼展约20.1 m,最大载荷1 360 kg,巡航速度740 km/h,作战高度超过18 km	对中高空静目标、中低速动目标侦察打击	技术保密	技术保密

(a) "火力侦察兵"

(b) "捕食者"A

(c) "捕食者"B——死神

(d) "捕食者"C——复仇者

图1.7　美国察打型无人机

图1.7(a)所示为美军"火力侦察兵"无人机,其作为旋翼机,尚在作战运用试验阶段,2014年11月17日首次上舰部署,测试了与MH-60R"海鹰"直升机的协同飞行科目。而美军"捕食者"系列无人机(图1.7(b)(c)(d))均已在美海、陆、空各军种列装,从第一代机于1995年装备部队以来,频繁出现在阿富汗、伊拉克、叙利亚、巴基斯坦等各国境内的作战战场,是迄今为止世界范围内战术水平最为成熟、实战运用次数最多的察打型无人机家族。典型战例包括:1996年参加波斯尼亚维和行动;1999年科索沃战争中出动50余架次;2001年参与阿富汗作战行动。

2. 俄罗斯

美俄在军事装备方面的竞争从来没有停歇过,针对美军无人机装备的大力发展和频繁投入作战使用,俄罗斯在初期并没有高度关注无人机装备的发展,直到美军无人机在战略战役战术各个作战层级都获得了丰富的战果,才使得无人机装备字样开始多次出现在俄罗斯军方的各种作战行动报告中。最为典型的例子就是"猎户座"察打型无人机,其最早的研制工作起步于2010年,研制相关的必要文件却直到2020年4月才获得批准,俄陆军航空兵随即接收第一批3架"猎户座"察打型无人机。俄罗斯无人机的发展历程大致分为三个阶段:第一阶段为20世纪50~70年代,重点研制战略无人机;第二阶段为20世纪70~80年代末,重点研制战役和战术无人机;第三阶段为20世纪90年代初至今,重点研制小型战术无人机。从总体上看,俄罗斯在世界无人机发展领域中占有一席之地,但就其研制规模、种类和装备数量来说,还远远落后于美国、以色列及其他西方发达国家。

到目前为止,俄罗斯军方依靠喀琅施塔德技术公司、谢苗诺夫设计局和苏霍伊设计局等著名公司和研究所开展中空长航时察打型无人机、重型快速攻击型无人机等研制和试飞验证工作,先后推出了"猎户座""阿提乌斯-RU""格罗姆""天狼星""牵牛星"等多款具备打击能力的无人机(表1.2,图1.8),其中只有"猎户座"无人机于2021年正式投入作战使用,该型无人机可携带4枚50 kg的制导炸弹或导弹,是俄罗斯察打型无人机重点发展的开端。

表 1.2　俄罗斯察打型无人机基本性能

机型	基本战技指标	作战经历
"猎户座"	翼展 16 m，起飞质量 1 100 kg，作战载荷 200 kg，巡航速度 120 ~ 200 km/h，续航时间 24 h	2021 年 2 月，在叙利亚战场首次执行作战任务，包括 17 次打击任务、20 次侦察任务和 1 次其他目的飞行任务
"阿提乌斯-RU"	最大起飞质量 6 000 kg，有效载荷 2 000 kg，飞行速度 200 km/h，续航时间 48 h，航程约 7 000 km，升限 12 000 ~ 14 000 m	试验阶段
"格罗姆"	最大起飞质量 7 000 kg，有效载荷 500 kg，最大飞行速度 1 000 km/h，航程 800 km	试验阶段，据俄方透露，该无人机可以指挥 10 架"闪电"无人机，还可与苏-57 等有人机协同作战
"猎人-B"	翼展 19 m，最大起飞质量 25 000 kg，有效载荷 3 000 ~ 8 000 kg，最大飞行速度 1 000 km/h，航程约 6 000 km，升限 10 500 m	重型快速攻击型无人机，试验阶段，预计 2024 年量产

(a) "猎户座"

(b) "阿提乌斯-RU"

(c) "格罗姆"

(d) "猎人-B"

图 1.8　俄罗斯察打型无人机

3. 以色列

以色列一直以来在全世界无人机技术研发领域都占据显要地位,最为著名的公司当属 IAI 公司,该公司早期主要以发展中高空中远程侦察无人机为主,其典型双尾撑结构的战术级无人机如"苍鹭""搜索者""猎人"和"先锋"等同步销往美国、法国、土耳其、印度、菲律宾、越南等多个国家。其中,"猎人"无人机列装美陆军之后在 1996—2014 年间的飞行小时数就已经突破 10 万 h。现阶段根据作战需求转变,该公司"苍鹭"无人机开始改进为更高性能的"苍鹭"MK-2 察打型无人机,目前该型无人机与"Elbit"公司研发的"赫尔墨斯"900 无人机共同成为以色列察打型无人机的典型代表(表 1.3,图 1.9)。前者基于"苍鹭"无人机升级,可携带包括情报侦察载荷、电子战载荷等多任务载荷,印度购买了大量该型无人机用以部署边境地带,其意图不言而喻;后者在航程、航时及作战能力方面已经超越美军"捕食者"A 无人机,得到了越来越多国家的关注。

表 1.3　以色列察打型无人机基本性能

机型	基本战技指标	作战经历
"苍鹭"MK-2	翼展 26 m,起飞质量 4 650 kg,载荷 1 000 kg,最大平飞速度 240 km/h,升限 13 700 m,续航时间 45 h	目前该型无人机作为印军主要无人机机型,使用频次逐年上升
"赫尔墨斯"900	翼展 15 m,起飞质量 1 180 kg,作战载荷 350 kg,巡航速度 130 km/h,实用升限 9 145 m,作战半径 2 250 km,续航时间 36 h	2014 年 7 月 15 日在加沙"保护边缘"行动期间,空袭摧毁武装分子使用的设施,在此次行动中累计飞行时间达数百小时,出动架次超过 100 次;2020 年 9 月阿亚之战中,发挥了战场情报支援、作战引导作用

(a) "苍鹭"MK-2

(b) "赫尔墨斯"900

图 1.9　以色列无人机

4. 土耳其

土耳其是一个横跨欧亚两洲的国家,周边国家包括叙利亚、伊拉克、希腊、保加利亚、亚美尼亚、格鲁吉亚、阿塞拜疆和伊朗等国,具有重要的战略地位,借助美国和以色列等国发展自身无人机技术及加快无人机投入战场使用是该国一个重要的军事力量发展手段。2020 年和 2021 年频繁出现在战场之中的两款无人机"安卡"–S 和"旗手"TB–2(表 1.4,图 1.10)就备受外界关注。

表 1.4 土耳其典型无人机基本性能

机型	基本战技指标	作战经历
"安卡"–S	翼展 17.5 m,最大起飞质量 1 600 kg,最大任务载荷 200 kg,最大平飞速度 217 km/h,实用升限 9 000 m,续航时间超过 24 h	2020 年 2 月 27 日至 3 月 5 日"春天之盾"中对对叙利亚伊德利卜地区的各种叙政府军地面目标实施了大规模、高强度的空/地火力打击
"旗手"TB–2	翼展 12 m,最大起飞质量 630 kg,最大任务载荷 55 kg,最大平飞速度 220 km/h,实用升限 8 239 m,续航时间超过 24 h	2020 年 9 月 27 日,阿亚两国在纳卡地区的武装冲突中,阿塞拜疆投入了该型无人机,摧毁了亚方大量装备和人员

(a)"安卡"–S无人机

(b)"旗手"TB–2无人机

图 1.10 土耳其无人机

图 1.10 中,"安卡"–S 无人机是土耳其 TAI 公司研制的,其以"苍鹭"无人机为模板。"安卡"系列无人机有多个型号,"安卡"–S 加装了光电吊舱、卫星通信设备及武器弹药,其发展目标是美军"死神"和以色列的"苍鹭"无人机。"旗手"TB–2 无人机则是卡勒·巴龙公司研制的,可携带 MAM–L 等五种类型弹药(表 1.5,图 1.11)。

表 1.5 "旗手"无人机武器载荷基本性能

名 称	基本性能指标
MAM-L 激光半主动制导导弹	弹重 22.5 kg,射程 8 km,10 kg 的高爆战斗部杀伤半径 25 m
MAM-C 激光半主动制导微型导弹	弹重 8 kg,射程 8 km,2.5 kg 高爆战斗部用于精确打击
UMTAS 反坦克导弹	射程 8 km,弹重 37.5 kg,具有发射后不管的能力
CIRIT 激光制导火箭吊舱	双联或四联装,质量 14 kg,最大射程 9 km
Bozok 激光制导火箭	重约 16 kg,长度 79 cm,最大射程 6 km

(a) MAM-L   (b) MAM-C   (c) UMTAS

(d) CIRIT   (e) Bozok

图 1.11 "旗手"无人机配备的武器载荷

5. 印度

从国际地缘政治的角度来看,印度是一个比较特殊的国家,可以与除巴基斯坦外的所有国家做朋友。印度 1988 年启动无人机研制项目,并从印巴卡吉尔冲突以后开始引进无人机。2008 年 11 月孟买恐怖袭击事件之后,印度加快了无人机研制步伐。目前,印度的主要无人机系统包括自主研发的"曙光""鲁斯图姆"系列等无人机(图 1.12),并逐步列装于三个无人机中队,计划进一步开发无人作战飞机。受技术能力、基础设施等限制,印度自主研制的无人机难以满足作战需求。当前印军能够投入作战使用的无人机主要是引进以色列的"苍鹭"及"苍鹭"-TP 无人机。2020 年,印度军方计划耗资 6 亿美元采购 6 架 MQ-9B"天空勇士"海上无人机,目前尚未有该机型列装印军的任何报道。

(a) "曙光"无人机

(b) 鲁斯图姆-1无人机

(c) 鲁斯图姆-2无人机

(d) 苍鹭-TP无人机

图 1.12 印度主要使用的无人机装备

1.3.3 我国无人机系统发展现状

近十年来,我国无人机应用越来越广泛,察打一体无人机开始得到大量研制,逐步进入部队服役。典型机型主要包括"彩虹"、"腾盾"、BZK 和"翼龙"等系列无人机。

1. "彩虹"系列无人机

"彩虹"无人机是中国航天科技集团中国航天空气动力研究院的系列机型,"彩虹"无人机基本性能见表 1.6。

表 1.6 "彩虹"无人机基本性能

机型	基本战技指标	侦察载荷	武器载荷
"彩虹"-3	翼展 8 m,最大起飞质量 650 kg,最大平飞速度 256 km/h,最大升限 6 000 m,最大航时 12 h	光电侦察载荷	挂载 2 枚空地导弹及 GPS 精确制导对地攻击炸弹

续表1.6

机型	基本战技指标	侦察载荷	武器载荷
"彩虹"-4	翼展 18 m,最大起飞质量 1 330 kg,最大续航时间25 h,最大载荷能力达 345 kg,升限 7 200 m	7类30余型:光电类、雷达类、通信类、激光雷达、相机类、磁探类、气象类等	挂载4枚AR-1激光制导近程空地导弹及FT-9制导炸弹
"彩虹"-5	翼展 21 m,最大起飞质量 3 300 kg,最大载荷能力达 1 400 kg,最大飞行速度290 km/h,升限 8 000 m,最大航程超过 6 500 km,最大续航时间35 h	高清光电侦察载荷、合成孔径雷达、广域搜索雷达等	搭载空中早期预警系统、电子战综合系统,挂载16枚小型空地导弹
"彩虹"-6	翼展 20.5 m,最大起飞质量 7 800 kg,最大外挂载荷能力达 2 000 kg,最大飞行速度800 km/h,升限 12 000 m,最大航程超过 12 000 km,最大续航时间20 h	预警雷达、合成孔径雷达、电子光学传感器、电子侦察系统	挂载空对地导弹、精确制导炸弹、反辐射导弹、中小型炸弹
"彩虹"-7	翼展 22 m,最大起飞质量 13 000 kg,巡航速度马赫数为 0.5~0.6,最大速度马赫数为 0.75,巡航高度 10~13 km,航程约 9 200 km,留空时间15 h	多类型侦察载荷	携带 2 000 kg 弹药,包括反辐射导弹和空舰导弹

中国航天空气动力研究院坚持军民两用原则,依托该院在空气动力学和飞行力学方面的技术优势,2000 年开始启动"彩虹"系列无人机研制项目,到2021年已经形成了较为完备的体系。"彩虹"系列无人机如图1.13所示。

"彩虹"-3/4/5 无人机最早于 2013 年走出国门,执行了警戒巡逻、侦察、监视、打击等上千架次的作战任务。

"彩虹"-6 无人机于 2021 年 9 月珠海航展上首次亮相,采用 T 型尾翼、尾吊

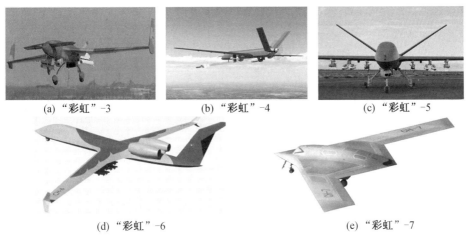

(a) "彩虹"-3　　　　(b) "彩虹"-4　　　　(c) "彩虹"-5

(d) "彩虹"-6　　　　　　　　　(e) "彩虹"-7

图 1.13　"彩虹"系列无人机

双发推进涡扇发动机,具有飞行高度高、载荷能力强、续航时间长和航程远等特点,可与其他"彩虹"系列无人机进行灵活组合,执行察打、海上反潜、空中预警探测、近距空中支援等作战任务。

"彩虹"-7 无人机则是瞄准高战略价值目标进行打击的一款无尾飞翼布局的隐形无人机,2018 年以来频繁在珠海航展亮相,尚未有其他相关报道。

2. "腾盾"系列无人机

四川腾盾科创股份有限公司成立于 2016 年,起步就瞄准国内外高原、海上等军用领域无人机研制,兼顾民用领域的使用需求,于 2017 年发布了两款固定翼("双尾蝎""扑天雕")和两款旋翼("没羽箭""小李广")无人机,主要用于国防安全、反恐维稳、高速监控和大气研究等军事和民用任务,前三者为主要机型(表 1.7,图 1.14)。其中,"双尾蝎"无人机采用上单翼、双尾撑、双发翼吊的设计布局,可装载可见光/红外/激光光电吊舱、多模式对海雷达、通信中继、协同组网设备、CCD 相机、高光谱相机、航测相机等侦察载荷,也能根据打击任务要求挂载 5 kg/50 kg 级空地导弹、25 kg/50 kg/100 kg 级制导炸弹及子母弹等武器载荷,于 2021 年珠海航展首次进行飞行表演。该公司在 2022 年 11 月珠海国际航展中心召开的第十四届中国航空航天博览会上与多家单位签订了战略合作协议,将无人机正式推广用于气象监管、空中应急救援、森林草原消防和应急通信等领域。

表 1.7 "腾盾"无人机基本性能

机型	基本战技指标	现状
"双尾蝎"	翼展 20 m，最大起飞质量 2 800 kg，最大机内油量 1 300 kg，升限 9 500 m，最大速度 300 km/h，航程 6 000 km，视距通信 280 km，挂点 4 个，航时 35 h	2017 年 9 月 26 日成功首飞，目前已经衍生出三个版本
"扑天雕"	翼展 14.7 m，最大起飞质量 1 200 kg，最大机内油量 320 kg，升限 7 500 m，最大速度 240 km/h，航程 3 450 km，挂点 2 个，航时 22 h	2018 年 2 月 4 日首飞以来，已连续多年完成林草巡护、森火巡查、救灾演练、地质勘察、地貌测绘等任务
"没羽箭"	最大起飞质量 450 kg，最大机内油量 100 kg，实用升限 6 500 m，最大速度 190 km/h，航程 700 km，航时 6 h，悬停升限 6 000 m（有地效）、3 000 m（无地效）	2019 年 12 月 17 日首飞，具有优异的高原和海洋部署能力，有良好的自主飞行和任务保障效率

(a) "双尾蝎"无人机 (b) "扑天雕"无人机 (c) "没羽箭"无人机

图 1.14 "腾盾"系列无人机

3. BZK-005 系列无人机

BZK-005 系列无人机由北京北航天宇长鹰无人机科技有限公司与航空工业哈飞联合研制。

BZK-005 系列无人机是一种中低空、长航时、多用途无人机，包括 BZK-005、BZK-005A、BZK-005B、BZK-005C、BZK-005E 等型号，BZK-005 系列无人机如图 1.15 所示。其中，BZK-005 无人机在纪念抗战胜利 70 周年国庆阅兵式上亮相。BZK-005C 是一款中高空远程察打型无人机，武器挂载量超过 300 kg，可实现一次对多目标实施攻击；BZK-005E 是 BZK-005 无人机的出口型，是一款针对国际市场研制的无人侦察机，具备全天时、全天候作战能力，能适应复杂环境，实现高原起降和海洋部署能力。该系列无人机是目前国内留空时间最长的航空侦察平台,最大航时可达 40 h,作战半径为 2 000 km,最大起飞质量为 1 250 ~ 1 500 kg,巡航速度为 150 ~ 180 km/h,升限为 7 500 ~ 8 000 m。该机型主要用于对敌战略、战役纵深地面、海上目标实施长时间、连续的侦察监视和打击效果评估任务。整个任务过程主要采取预定任务规划航线自主飞行,紧急情况下可使用指令干预飞行,操控使用相对简单。

(a) BZK-005无人机　　　　　　　　　　(b) BZK-005E无人机

图 1.15　BZK-005 系列无人机

4.“翼龙”系列无人机

“翼龙”(WingLong)系列无人机是由中航工业集团成都飞机设计研究所研制的中低空、长航时、多用途无人机,在军事与民用领域同步发展,主要机型包括“翼龙”-1、“翼龙”-1D、“翼龙”-1E、“翼龙”-2、“翼龙”-2H、“翼龙”-3 和“翼龙”-10 等,如图 1.16 所示。

“翼龙”-1 无人机如图 1.16(a)所示,是国内首款实现军贸出口的大型无人机,在打击恐怖主义的反恐行动中取得了优异的战绩。该机质量为 1 100 kg,翼展为 14 m,机高为 2.7 m,最大起飞质量为 1 200 kg,最大飞行速度为280 km/h,升限为 5 300 m,最大航程为 4 000 km,续航为 20 h,有效载荷为200 kg。除加装在机头的 100 kg 红外传感器外,每个机翼下设 1 个挂点,配重 50 kg。根据相关资料,在尺寸相同情况下,“翼龙”-1 质量比 MQ-1 重 100 kg 左右,载荷要少40 kg,作战能力相对偏弱。

“翼龙”-1D 无人机如图 1.16(b)所示,于 2018 年首飞成功。相对于“翼龙”-1,该机除 100% 的复合体结构外,机身尺寸还有所加大,机高和翼展分别提升到3.2 m 和 17.6 m,V 型尾翼也从底部下反变成顶部上反,实用载荷从200 kg 增长到 400 kg,其中有效载荷约为 300 kg,采取双挂架,可挂载 6 枚蓝剑-7导弹。另外,该机续航能力从 20 h 提升到 35 h,飞行升限从 5 300 m 提升到7 500 m,可以大幅降低被敌方导弹击落的概率。

(a) "翼龙"-1

(b) "翼龙"-1D

(c) "翼龙"-1E

(d) "翼龙"-2

(e) "翼龙"-2反潜侦察型

(f) "翼龙"-2H应急救灾型

(g) "翼龙"-3

(h) "翼龙"-3外挂方案一

(i) "翼龙"-3外挂方案二

(j) "翼龙"-10

图 1.16 "翼龙"系列无人机

  "翼龙"-1E 无人机如图 1.16(c)所示,在 2022 年珠海航展上首次亮相,是"翼龙"-1 的最新改进型,对标美国 MQ-1C 无人机进行了全面提高和升级,作战能力得到了明显增强。该机最长航时为 35 h 以上,最大航程为 7 000 km,在挂载两枚 50 kg 级武器的情况下,实飞高度可达 10 000 m,配备高性能光电传感器和多功能雷达,除常规光电和雷达探测外,还具备数码拍照、地理定位、气象探测等能力。另外,该机有 4 个机翼挂点和 1 个机腹挂点,全机武器载荷搭载能力达到 550 kg,可以挂载 20 kg、50 kg 和 100 kg 级的各类导弹和炸弹,能够在 70 km 外发现目标、30 km 处锁定跟踪目标并在 10 km 外开火终结移动目标。

"翼龙"-2 无人机是在"翼龙"-1 无人机基础上研制的一款中空、长航时、侦察打击一体化多用途无人机,如图 1.16(d)所示。其于 2012 年开始研制,2017 年 2 月 27 日首飞成功,具有全自主水平轮式起降和飞行能力、空地协同能力、地面接力控制能力,可以执行侦察、监视和对地打击任务,适合于反恐维稳、边境巡逻等军事用途。2016 年 2 月,美国《陆军技术》期刊就全球无人机在武器装备和作战能力方面进行了综合评估,选出最致命的五款军用无人机,包括"火力侦察兵""捕食者""死神""复仇者"和"翼龙"-2,这也说明该款无人机技术得到了外界认可。2021 年珠海航展上,该机型拓展出"翼龙"-2 反潜侦察型(图 1.16(e))和"翼龙"-2H 应急救灾型。其中,"翼龙"-2 反潜侦察型无人机系统加装了自动识别系统(Automatic Identification System, AIS)、360°环视对海雷达、对海专用的可见光/红外探测设备和声呐吊舱等。全机针对海上应用做了三防处理,能够应对海上恶劣的气候环境,适应复杂的搜潜、探潜任务。"翼龙"-2H 应急救灾型是在"翼龙"-2 基础上研发的民用型号,其最高飞行速度和最大飞行高度均与"翼龙"-2 型相差不大,在机载设备方面搭配有光电探测吊舱、合成孔径雷达、应急投送舱、应急通信保障吊舱等,该型无人机参与了 2021 年郑州的抗洪救灾活动。另外,还有"翼龙"-2H 气象型,其主要组成部分与"翼龙"-2H 应急救灾型(图 1.16(f))没有差别,重要的是其可以搭载配备模块化气象探测设备、焰条播撒器及下投深空仪等设备,能够在机体面对强对流甚至是结冰的情况下,完成多参数、立体化气象参数采集及边探测边播撒等任务,是我国气象探测领域的"完美新兵"。

"翼龙"-3 无人机如图 1.16(g)所示,在 2022 年珠海航展上首次露面。该机型具有远航程、重载荷、多用途等特点,从公开的数据来看,该型无人机的翼展超过 24 m、最大航程超过 10 000 km,滞空时间达到 40 h,具备洲际飞行能力。其最大起飞质量达 6 200 kg,最大武器挂载能力为 2 300 kg(外挂 2 000 kg,内挂 300 kg)。"翼龙"-3 无人机拥有 9 个外挂点,可携带包括蓝剑-21AR 反辐射导弹、LS-6 滑翔制导炸弹、声呐浮标吊舱、子母弹、通信侦察吊舱、神龙 150 制导火箭、声呐侦察吊舱、云影 160 巡飞器和霹雳 10E 在内的多型作战装备。"翼龙"-3 外挂方案如图 1.16(h)和(i)所示。

"翼龙"-10 无人机如图 1-16(j)所示,于 2021 年试飞成功,又称"云影"无人机,由成飞公司研制。该机翼展为18 m,最大起飞质量为3 200 kg,最大速度为520 km/h,巡航高度为12 000~14 000 m。该机主要有三种构型:图像侦察型、电子侦察型和察打一体型。该机装备有涡扇发动机,意味着察打一体无人机开始从螺旋桨时代走向喷气时代,飞行速度更快,飞行高度更高,空空及空地攻击能力更强。

除上述"翼龙"无人机外,中航工业集团还研制了"无侦-7""攻击-11"无人机,分别如图1.17和图1.18所示。前者可执行战略侦察任务,可在战时充当反航母之眼,为东风21D反舰弹道导弹、东风17高超音速导弹等提供指引,形成中继制导打击航母的能力;后者可与歼-20搭配,扮演忠诚僚机角色,补足歼-20弹药短缺的短板。同时,中航集团还开展了国际合作,推进了高空长航时无人机论证、设计工作,并根据国情和市场急需,积极研究高空高速信息无人机,为用户提出了切实可行的方案,对高端超高速无人机也进行了大量前期预研和验证工作。

图1.17 "无侦-7"无人机

图1.18 "攻击-11"无人机

西安爱生技术集团公司是国内一家主要的无人机研制生产厂商,它是航空工业总公司设在西北工业大学,科、工、贸一体化的现代化高科技企业,主要研制和生产系列化小型无人机系统。30多年来,其研制出了B-1、B-2、D-4、ASN-104、ASN-105、ASN-206、ASN-7、ASN-9、ASN-12、ASN-15、鸭式布局验证机等十多种型号的军用和民用无人机。其中,ASN-206获国家科技进步奖一等奖,ASN-105获国家科技进步奖二等奖,D-4多用途无人机获国家科技进步奖一等奖。ASN系列无人机大量装备全国各大战区,并已批量出口国外。中国生产的各种型别的无人机基本满足了国内军需民用,并且逐步走向国际市场。

20 世纪末,中国无人机发展提速。面对作战方式的变革、未来信息化战争的要求及社会经济发展的需求,中国决心在发展无人机技术方面有所作为。中国军队正在加快武器装备的现代化进程,重点之一是提升我军信息化作战能力,逐步形成高中低空、远中近程相结合,能够遂行空中侦察、战场监视、精确打击、信息对抗、电子干扰、通信中继、火炮校射、目标指示、毁伤评估、防核生化探测等多样化任务的无人机力量体系,在各战略方向军事斗争、应对突发事件,以及抢险救灾、反恐维稳等行动中发挥着越来越重要的作用。

第2章 无人机飞行平台

本章介绍无人机飞行平台和无人机的发射与回收技术。无人机系统的飞行平台包括无人机的机体、动力系统和操纵控制系统,用于产生无人机飞行所需的升力和动力,保证飞行和安装其他机载设备。飞行平台的结构、翼型、动力系统及操纵控制直接影响着飞行性能,进而也影响着无人机系统能否有效地满足任务需求。鉴于飞行控制系统的重要性,第3章将进行专门的介绍。

2.1 机体结构

无人机的机体结构与普通飞机相似,主要由机身、机翼、尾翼、副翼和起落架等组成。由于任务和使用条件不同,因此无人机的结构存在很大的差异,这些差异体现在飞机的大小、翼型、气动布局等各个方面。美军三种无人机结构尺寸比较示意图如图2.1所示。

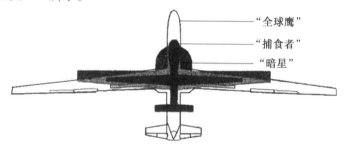

图2.1　美军三种无人机结构尺寸比较示意图

2.1.1 机身

机身是飞机的重要部件,主要用来固定机翼、尾翼、起落架等部件,使之连成一个整体,同时还用来装载燃油和各种设备。

机身按结构形式可分为构架式机身、硬壳式机身和半硬壳式机身,其主要构件包括梁、隔框、桁条、蒙皮等。还有的无人机因为任务和使用环境的特殊要求而没有机身。例如,美国利用太阳能作为动力的"太阳神"长航时无人机就没有机身和尾翼,只有一个长方形的机翼。

2.1.2　机翼

机翼的主要功用是产生升力,当它具有上反角时,可为飞机提供一定的横侧稳定性。另外,很多飞机的发动机和主起落架安装在机翼结构上,机翼的内部空间还可以用来收藏主起落架和储存燃油。

机翼通常由翼梁、桁条、翼肋和蒙皮组成,这些结构的基本作用有两个方面:一是形成和保持必需的机翼外形;二是承受外部载荷引起的剪力、弯矩和扭矩。

目前,绝大多数的无人机都是单翼机。单翼机在机身上的配置可分为上单翼、中单翼和下单翼三种形式。机翼的配置形式如图 2.2 所示。

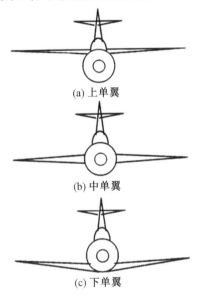

(a) 上单翼

(b) 中单翼

(c) 下单翼

图 2.2　机翼的配置形式

2.1.3　尾翼

尾翼主要用来保持飞机纵向平衡,使飞机具有纵向和方向安定性,实现飞机纵向和方向操纵。

尾翼主要包括尾锥、安定面和操纵面。安定面包括水平安定面和垂直安定面。操纵面包括方向舵和升降舵。但也有的无人机采用飞翼式布局,没有尾翼,所有操纵面都安装在机翼上。

尾翼结构与机翼相似,一般也由梁、肋、桁条和蒙皮组成,承受的应力也与机翼相似,即气动载荷引起的弯矩、扭矩和剪力。每个构件分担一部分应力,而把剩余的应力传给其他构件,最终传给翼梁,翼梁再把它传到机身结构。

2.1.4　起落架

起落架用来在飞机起降、停放和滑行过程中支撑飞机,同时吸收飞机在滑行和着陆时的振动和冲击载荷。

起落架的配置形式主要有前三点式、后三点式和自行车式。还有的小型无人机因工作特点而没有设置起落架。起落架按结构又可分为构架式起落架(图2.3)、支柱套筒式起落架(图2.4)和摇臂式起落架(图2.5)等形式。

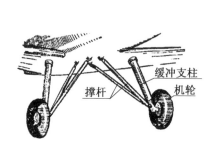 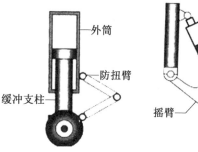

图 2.3　构架式起落架　　图 2.4　支柱套筒式起落架　　图 2.5　摇臂式起落架

2.2　动 力 装 置

为飞行器的飞行提供动力,推动飞行器前进的装置称为飞行器的推进系统,又称动力系统,它是飞行器的重要组成部分。对于无人机而言,动力装置包括发动机及其辅助系统。

无人机动力装置的发展是随着人们对未来战争观念、作战形式和任务要求的改变而不断发展的。根据对飞行速度、飞行高度、起降方式、续航时间、航程和经济性指标等的不同要求,发展了适合执行不同任务的动力装置。

目前,无人机广泛采用的动力装置有活塞式发动机(用于低速、中低空无人机)、涡轮喷气发动机(包括涡喷、涡扇和涡轴)、冲压/火箭发动机和组合式发动机(用于超音速无人机或高超音速巡航导弹)。

正处于研究阶段的用于未来新型无人驾驶航空器的动力装置包括太阳能动力装置(用于高空长航时无人驾驶飞机)、脉冲爆震发动机(用于无人机或巡航导弹)、桨扇发动机(用于下一代巡航导弹),以及多(全)电发动机和用于小型无人机的微型发动机。

据统计,世界上300多种无人驾驶飞机中有近67%的无人机起飞质量不超过 200 kg,大多数采用活塞式发动机;近 77% 的无人机起飞质量在 500 kg 以内,其中质量在 200 ~ 500 kg 范围内的无人机较多采用活塞式发动机和涡喷发动机;起飞质量在 500 kg 以上的无人机多数采用涡喷(涡扇)发动机,其次是活塞式发动机;而采用其他发动机的无人机数量不多。

2.2.1 航空活塞式发动机

活塞式发动机(二冲程与四冲程)是无人驾驶飞机使用最早、最广泛的动力装置,其技术目前已较为成熟。

根据所应用的机型不同,活塞式发动机的功率小至几千瓦,大至 200 kW 左右。从当前国外的应用情况来看,活塞式发动机的适用速度一般不超过 300 km/h(用于靶机除外),高度一般不超过 8 000 m。根据发动机功率的大小不同,所应用机型的续航时间从几小时(靶机除外)到几十小时不等。

国外生产无人机用活塞式发动机的具有代表性的制造商有奥地利的罗泰克斯公司(Rotax 系列活塞式发动机)、英国的洛特斯・卡斯公司(Lotus 系列)和德国的 Limbach 公司(L 系列)。随着无人机发展较快的国家对高空(10 000 m 以上)、长航时(24 h 以上)无人机认识和研究的进一步加深,大功率四缸、四冲程活塞式发动机在高空长航时无人机上的应用日益突出。用于高空长航时无人机时,高空空气稀薄、压力低,发动机散热及高空螺旋桨等是需要解决的关键技术问题。现在使用中的活塞式发动机与增压器组合,可使无人机的升限达到 11 000 m。

航空活塞式发动机是利用燃油与空气混合,在密闭的容器(气缸)内燃烧,通过气体膨胀推动活塞做功的热动力装置。活塞式发动机必须带动螺旋桨,由螺旋桨产生拉力。

活塞式发动机由主要机件和工作系统两部分组成。以"捕食者"无人机装备的奥地利 ROTAX 公司 Rotax914F 四缸四冲程活塞式发动机为例,其主要机件包括气缸、活塞、连杆、曲轴、机匣和气门机构等,如图 2.6 所示。四冲程活塞式发动机工作示意图如图 2.7 所示。

气缸是燃油和空气组成的混合气进行燃烧的地方,固定在机匣上,呈圆筒形,分为气缸头和气缸筒两部分,两部分的外表均有散热片,气缸头上还有进气口、排气口、电嘴和冷气安装孔等。

活塞可以在气缸内来回移动,燃气膨胀时产生很高的压力,作用在活塞的顶面,活塞就被推动做功。活塞装在气缸里面,并用连杆与曲轴连接,活塞的外圆周上有涨圈槽,涨圈槽内装有涨圈,可以密封燃气并防止滑油流入燃烧室,还可以帮助活塞散热。

连杆用来连接活塞和曲轴,来回传递活塞和曲轴的运动。当活塞受燃气的

图 2.6　Rotax914F 四缸四冲程活塞式发动机

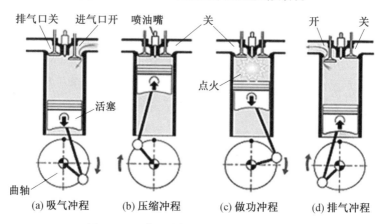

图 2.7　四冲程活塞式发动机工作示意图

压力做直线运动时,通过连杆的传动来推动曲轴旋转,从而带动螺旋桨旋转。

曲轴支承在机匣内,它的功用是把活塞的直线运动转换为曲轴的旋转运动,以带动螺旋桨旋转和其他附件工作。

气门机构的功用是按照气缸的工作次序控制进、排气门适时地打开和关闭。气门机构由进气门、排气门、凸轮盘、推筒、推杆、摇臂等传动机件组成,这些机件分别安装在气缸和机匣上。

机匣是发动机的壳体,除用来安装气缸和支承曲轴外,还将所有的机件连接起来,构成一台完整的发动机,并通过它连接发动机架,将发动机固定在飞机上。

除上述各基本组成外,在一些航空活塞式发动机上还装有增压器和减速器。

航空活塞式发动机不仅要具备上述主要机件,而且还必须有工作系统与之相配合,才能进行工作。航空活塞式发动机一般都具有燃油、点火、润滑、冷却和起动等工作系统。

2.2.2　涡轮喷气发动机

涡轮喷气发动机具有推力大、加速快、质量轻、设计简便、能适应高速飞行等优点,但其经济性较差。这是因为其大推力由高速喷出的高温燃气得到,不可避免地会把大量热能和动能排出发动机外,增大油耗。用于无人机的涡轮喷气发动机大多推力在 1 700 kgf(1 kgf = 9.806 65 N)以下,无人机的时速为 700 ~ 1 100 km/h,飞行高度在 3 000 ~ 17 500 m,续航时间在 0.2 ~ 3.0 h,主要包括靶机、高速侦察机及攻击无人机。这类发动机具有结构简单、高可靠性、低成本等特点,大量采用整体结构来减少加工量和质量,压气机和涡轮等旋转部件一般为整体铸造式压气机和涡轮转子,结构上多采用轴流或离心式压气机、回流环式燃烧室和单级涡轮。涡轮喷气发动机是目前无人机上比较常见的动力装置。图 2.8 所示为单轴不加力的涡轮喷气发动机(简称涡喷发动机)结构简图,图 2.9 所示为 WP-13 发动机。

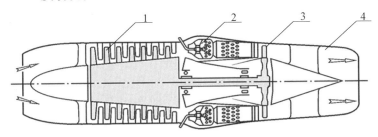

图 2.8　单轴不加力的涡轮喷气发动机结构简图
1—压气机;2—燃烧室;3—涡轮;4—喷管

图 2.9　WP-13 发动机

　　涡轮喷气发动机工作时,空气连续不断地被吸入压气机,并在其中压缩增压后,进入燃烧室中喷油燃烧成为高温高压燃气,再进入涡轮中膨胀做功以驱动压气机。经过涡轮的气流仍然具有较高的压力和温度,通过尾喷管以高速排出发动机,产生反作用推力。

　　与活塞式发动机/螺旋桨动力装置相比,涡轮喷气发动机有以下主要特点。

　　(1)活塞式发动机是热机,但本身不能产生推力,只能从轴上输出功率带动螺旋桨,由螺旋桨产生推力,所以螺旋桨称为推进器。活塞式发动机(热机)加螺旋桨(推进器)称为活塞式动力装置。涡轮喷气发动机既是热机又是推进器。

　　(2)在一定的飞行速度范围内,随着飞行速度的增加,涡轮喷气发动机产生的推力增加,因为进入发动机的空气质量流量随着飞行速度的增加而增加,所以涡轮喷气发动机适合高速飞行。

(3)活塞式发动机工作时,空气间断地进入气缸,气体的压缩、燃烧和膨胀过程发生在同一气缸中,只有一个行程对外做功;而涡轮喷气发动机工作时,空气连续不断地被吸入,气体的压缩、燃烧和膨胀过程分别在压气机、燃烧室、涡轮和尾喷管等不同部件中连续地进行。因此,涡轮喷气发动机有更大的功率输出。

(4)活塞式发动机是往复机械,惯性力大,故转速不能太大;涡轮喷气发动机是旋转机械,转速可以较高。

(5)活塞式发动机的燃烧过程在封闭的空间中进行,燃烧过程中气体的压力和温度急剧地上升,必须采用笨重的气缸;涡轮喷气发动机的燃烧过程在开口的空间进行,燃烧过程基本上是等压的,燃烧室结构轻巧。

(6)与活塞式发动机相比,涡轮喷气发动机最大的缺点是经济性差。

2.2.3 涡轮风扇发动机

涡轮风扇发动机由涡轮喷气发动机演变而成,是一种具有内外涵的燃气涡轮喷气发动机,其示意图如图2.10所示。涡轮风扇发动机与涡轮喷气发动机的工作原理、结构相似,二者最大的区别在于气流通道(称为涵道)。在涡轮风扇发动机的压气机中间,气流被分为内外两路或多路,靠内的气流为内涵气流,靠外的气流为外涵气流,分流之前的压气机称为风扇。

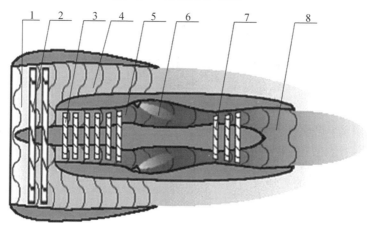

图 2.10 涡轮风扇发动机示意图

1—进气道;2—风扇;3—压气机;4—外涵道;5—内涵道;6—燃烧室;7—涡轮;8—喷口

涡轮风扇发动机的内涵气流流经核心机,主要用作能量转换的载体并产生推力。核心机是由高压压气机、主燃烧室和高压涡轮组成的一个涡轮燃气发生器。核心机与内涵喷管构成的内涵管道就相当于一台涡轮喷气发动机。核心机前、后分别安装上风扇和低压涡轮就构成了低压转子。外涵气流从核心机外围的气流通道(外涵道)排出,主要用来产生推力。由风扇的外涵部分、外涵机匣和外涵喷管组成的环形气流通道称为外涵道。外涵气流与内涵气流的质量流量之比称为涵道比。因此,涡轮风扇发动机又称内外涵涡喷发动机、双路式涡喷发动机。

涡轮风扇发动机工作时,空气从内外两路流过发动机:一路空气经风扇的内涵部分(低压压气机)和高压压气机进入主燃烧室,与喷入的燃油混合燃烧,形成高温、高压燃气流入涡轮,在高压涡轮内膨胀做功带动高压压气机,在低压涡轮内膨胀做功带动风扇,最后从内涵喷管高速喷出,产生反作用推力;另一路空气经外涵风扇压缩后,流经外涵通道,从外涵喷管喷出,也产生反作用推力。由此可见,涡扇发动机是借增大流过内外两路空气的动能而由内外两路同时产生推力的。

涡轮风扇发动机的涡轮不仅要带动压气机,还要带动外路的风扇。在相同的发动机参数条件下,与涡轮喷气发动机相比,燃气在涡轮风扇发动机的涡轮中膨胀要多一些,以便有更多的能量转换为涡轮功,满足带动压气机和风扇两个转动部件的需要,使其在内部涡轮喷气发动机的基础上,通过风扇增加外涵空气的动能。燃气在喷管内则膨胀得少一些,从而使内涵喷管的喷气速度和温度较低。对流过外路的空气来说,风扇增压比不大,又未加入燃油进行燃烧,喷气速度比内路的还小,因此涡轮风扇发动机内外两路的喷气速度都比涡轮喷气发动机的小。与涡轮喷气发动机或涡轮螺旋桨发动机相比,涡轮风扇发动机具有以下主要优点。

(1)总效率高。

一方面,因涡轮风扇发动机的喷气速度比涡轮喷气发动机小,气体排出机外的动能损失减小,故其推进效率比涡轮喷气发动机高;另一方面,风扇叶片工作虽与螺旋桨相类似,但由于它外面还有一个外罩,形成通道,迫使高速气流进入通道时进行了冲压压缩,因此降低了叶尖速度,不致使风扇效率下降,使风扇效率比螺旋桨高。在亚声速、跨声速飞行范围内,涡轮风扇发动机有很高的总效率。

(2)循环热效率高。

涡轮风扇发动机高压压气机可以连续不断地向外涵道放气,以保持其工作稳定,保证其有足够的稳定裕度。同时,可以利用外涵道空气冷却涡轮气体的温度,使得涡轮风扇发动机可以采用高增压比、高涡轮前燃气温度。

以上两个优点使得高涵道比的涡轮风扇发动机比涡轮喷气发动机总效率提高 40% ~ 50%,燃油消耗率降低 40% ~ 50%。

（3）起飞推力大。

由于涡轮风扇发动机内外两路的喷气速度都比涡轮喷气发动机小,因此其单位推力比涡轮喷气发动机小。但涡轮风扇发动机增设了一个外路,横截面积增大,空气流量增加,而且空气流量增加的程度比单位推力减小的程度大,所以它的推力比涡轮喷气发动机人。

（4）噪声低。

涡轮燃气发动机的噪声一是来自内部,二是来自外部。来自外部的噪声即喷气噪声,高速喷射气流与周围大气混合时因大的速度差而产生强烈紊流,一部分能量以声能形式辐射。速度差越大时,噪声越强。实验表明,速度在 305 ~ 610 m/s 范围内,喷射气流混合所产生的噪声功率与其速度的八次方成正比。由于涡轮风扇发动机内外两路的喷气速度都较小,因此噪声强度比涡轮喷气发动机小得多。

（5）加力涡轮风扇发动机推力性能好。

加力涡轮风扇发动机在非加力状态有良好的经济性,燃油消耗率低。处于加力状态有良好的推力性能,这样就提高了无人机的飞行性能与机动性能。

涡轮风扇发动机主要用于飞行速度在 500 ~ 1 000 km/h,飞行高度在 3 000 ~ 20 000 m,续航时间在 3 ~ 42 h 的中高空长航时侦察、监视的无人作战飞机上,是目前应用比较广泛的无人机动力装置之一。

由于涡轮风扇发动机有推力和经济性兼优的特点,因此目前已发展成各种类型的涡轮风扇发动机。考虑到高空、高速无人作战飞机的作战需要,各国已经开展在现有中等推力涡轮风扇发动机基础上,经过改进设计形成无人机专用的动力装置。例如,美国的"全球鹰"高空无人机采用了一台艾利逊 AE3007H 涡轮风扇发动机;德国 MTU 公司也计划采用中等推力涡轮风扇发动机 EJ200 发展一种 60 ~ 80 kN 推力的高空、高速无人机用发动机。

2.2.4 涡轮螺旋桨发动机

涡轮螺旋桨发动机简称涡桨发动机,是一种主要由螺旋桨提供拉力、由燃气提供少量推力的燃气涡轮发动机。涡桨发动机示意图如图 2.11 所示,其主要由螺旋桨、压气机、燃烧室、涡轮、喷口、减速器和自由涡轮组成。由于涡轮燃气的大部分能量都转变成轴功率带动螺旋桨和压气机转动,因此螺旋桨产生的拉力占飞机总推力的主要部分,而只有很小部分燃气能量在尾喷管中膨胀加速,并产生推力。

涡桨发动机分为两种:单轴式涡桨发动机和分轴式涡桨发动机。涡桨发动机的构造与涡喷发动机基本一样,但多了螺旋桨和减速齿轮两个部件。这是因为涡桨发动机不仅要带动压气机和各种附件,而且还要带动前面的螺旋桨。由

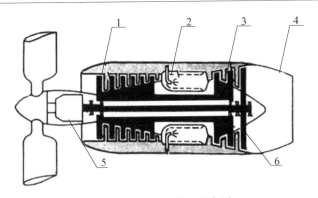

图 2.11　涡桨发动机示意图

1—压气机;2—燃烧室;3—涡轮;4—喷口;5—减速器;6—自由涡轮

于螺旋桨的转速比涡轮低得多,一般在 1 000 r/min 左右,因此发动机上必须安装一套减速齿轮,以便使螺旋桨的转速大大降低。

与涡喷发动机和涡扇发动机相比,涡桨发动机具有耗油率低、起飞推力大等优点,但是受螺旋桨效率的影响,其飞行速度一般不超过 900 km/h。因此,涡桨发动机多用于中小型运输机和通用飞机上,大型远程运输机则多使用涡扇发动机。

与活塞式发动机相比,涡桨发动机具有功率大、质量轻、振动小、功重比大等优点。由于没有活塞之类的运动部件,因此涡桨发动机的稳定性好、噪声小、工作寿命长、维修费用较低。另外,涡桨发动机的飞行高度和速度范围也比活塞式发动机高得多。在耗油率方面,涡桨发动机虽然与活塞式发动机相差不大,但其使用的煤油燃料比活塞式发动机使用的汽油便宜。

2.2.5　涡轮轴发动机

涡轮轴发动机简称涡轴发动机,是一种以空气作为做功工质的燃气涡轮发动机。涡轴发动机示意图如图 2.12 所示,其主要由压气机、燃烧室、自由涡轮、喷管、涡轮组成。大多数涡轴发动机将涡轮分为彼此无机械连接的前后两段:前段带动压气机工作,构成发动机的燃气发生器转子;后段作为动力轴,即自由涡轮,输出轴功率带动旋翼、尾桨等工作。

涡轴发动机的工作情形与涡轮螺旋桨发动机基本相同。所不同的是,高温燃气的全部热能都在涡轮和自由涡轮中膨胀做功,喷管仅有排气作用。涡轮除带动压气机和其他附件工作外,还通过减速器带动直升机的旋翼,产生拉力。自由涡轮转速与旋翼转速相差很大,在这种情况下,传递功率要有专门的减速器组件,传动比一般为 201∶1 ~ 50∶1。

与活塞式发动机相比,涡轴发动机功率大、质量轻、体积小、振动小且噪声

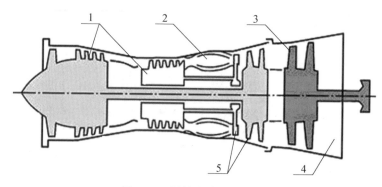

图 2.12　涡轴发动机示意图

1—压气机;2—燃烧室;3—自由涡轮;4—喷管;5—涡轮

小。但在耗油率方面,涡轴发动机与涡桨发动机还有一定差距,尤其是小型发动机,二者之间的耗油率相差 30% 左右。

　　涡轴发动机通常用于短距/垂直起降无人机和旋翼式无人机,其功率范围在 30 ~ 60 kW,飞行速度在 160 ~ 390 km/h,飞行高度在 4 000 ~ 6 100 m,续航时间约 3 ~ 4 h。

2.2.6　冲压喷气发动机

　　冲压喷气发动机由进气道(又称扩压器)、燃烧室和推进喷管三部分组成,其示意图如图2.13所示。由于没有压气机和涡轮,因此其结构比涡轮喷气发动机简单得多。冲压是利用迎面气流进入发动机后减速提高静压的过程,这一过程不需要高速旋转、复杂的压气机,是冲压喷气发动机最大的优势所在。进气速度为 3 倍音速时,理论上可使空气压力提高到 37 倍,效率很高。高速气流经扩张减速,气压和温度升高后,进入燃烧室与燃油混合燃烧,燃烧后的温度为 2 000 ~ 2 200 ℃甚至更高,经膨胀加速,由喷口高速排出,产生推力。因此,冲压喷气发动机的推力与进气速度有关。

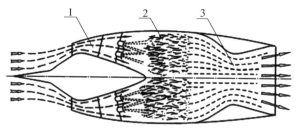

图 2.13　冲压喷气发动机示意图

1—进气道;2—燃烧室;3—推进喷管

　　冲压喷气发动机的优势在于构造简单、质量轻、体积小、推重比大、成本低,其简单来说就是一个带燃油喷嘴和点火装置的筒子,因此常用于无人机、靶机、导弹等低成本或一次性的飞行器。同时,由于其推重比远大于其他类型的喷气发动机,因此非常适合驱动高超音速飞行器,如空天飞机、先进反舰导弹等。

由于冲压喷气发动机没有压气机,因此不能在地面静止情况下启动,不适合作为普通无人机的动力装置。通常的解决方法是增加一个助推器,使无人机获得一定的飞行速度,然后启动冲压喷气发动机,最常见的助推器是火箭发动机。此外,也可由其他飞行器挂载仅装有冲压喷气发动机的无人机,飞行到一定速度后再投放仅使用冲压喷气发动机的无人机。

冲压喷气发动机与其他推进方式结合后,衍生了多种有特色的发动机,如固体推进剂冲压喷气发动机、火箭冲压喷气发动机、整体式火箭冲压喷气发动机等(图 2.14)。

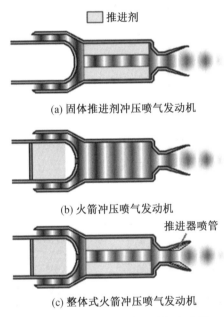

推进剂

(a) 固体推进剂冲压喷气发动机

(b) 火箭冲压喷气发动机

推进器喷管

(c) 整体式火箭冲压喷气发动机

图 2.14　多种模式冲压喷气发动机

2.2.7　新概念发动机

随着对飞机性能要求的提高,航空动力技术正出现革命性的变化,无人机动力技术的变革也令人瞩目。为适应未来空天作战需求,无人机动力的主要发展方向将转向更高速度(马赫数 5 ~ 10)、更高高度(20 ~ 30 km 或更高)、更低油耗、更长续航时间和更加广阔的应用环境/用途,能够天地往返、装备超微型飞行器等。20 世纪 90 年代以来,为满足未来无人机发展对成本、速度、环境、寿命和燃料高效利用等方面的更高要求,国外开始加快研究性能更先进、结构更简化、寿命更长的新型航空动力技术,如涡轮基组合循环发动机、太阳能发动机、新燃料电池和微型发动机等,并取得了大量研究成果。可以预见,新型无人机动力会进入高超声速、宽飞行包线、超长巡航和绿色环保的时代。

1. 超微型发动机

自20世纪90年代国外开始发展微型无人机以来,动力技术一直是人们关注和研究的热点。超微型发动机包括微型活塞式柴油发动机、以燃油或氢为燃料的微型涡轮喷气发动机、微型线性电动机等。这些微型动力大多基于微机电技术(Micro-Electro-Mechanical System, MEMS)、纳米技术和量子技术制造,其共同特点是小巧紧凑、功率密度大、转速高、质量一般不超过10 g、尺寸在几毫米至十几毫米之间、功率为几瓦至数十瓦,主要装备尺寸在15 cm以下的各种微型飞行器上,广泛用于远距离传感、通信中继、电子干扰、检测生化武器及近距离作战等。主要的超微型发动机如下。

(1)超微型涡轮喷气发动机。

美国于1997年开始实施微型飞行器计划,先后进行了"黑寡妇""克里卜里""微星""微船"等型号微型飞行器的开发,尤其是洛·马(Lockheed Martin)公司研制的LOCAAS低成本自主攻击系统无人机/导弹,其质量约45 kg,动力系统装置采用了汉胜公司的TJ-30或直径112 mm、推力250 N的TJ-50微型涡喷发动机。LOCAAS无人机如图2.15所示,TJ-50微型发动机如图2.16所示。目前比较著名的微型涡轮喷气发动机产品有美国哈密尔顿公司的TJ系列、精密自动化公司研制的AT-1500等AT系列及SWB公司的SWB-100微型涡轮喷气发动机。

图2.15　LOCAAS无人机

图2.16　TJ-50微型发动机

超微型涡轮喷气发动机是一种基于MEMS的纽扣大小的超微型燃气涡轮发动机,利用半导体制造技术,由多层硅片叠堆而成,包括进气道、压气机、燃烧室、涡轮、尾喷管等几大部件,其总体结构示意图如图2.17所示。其工作原理与传统的燃气涡轮发动机相同,但前者尺寸特别小、转速特别高、燃烧时间短、设计和加工制造比较困难。

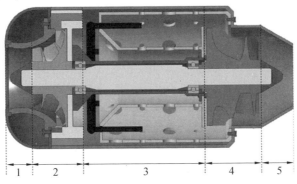

图 2.17　超微型涡轮喷气发动机总体结构示意图
1—进气道;2—压气机;3—燃烧室;4—涡轮;5—尾喷管

（2）电池驱动的电动机。

电池驱动的电动机是目前无人机应用最多的动力形式。它具有技术成熟、噪声小、振动小等优点。但是它也有很多不足:能量密度低、续航时间短;电池在飞行中的质量不变;高功率电池还有易燃、易污染等问题。近几年发展的锂离子电池适用于小型固定翼、多旋翼无人机,其相对于镍镉电池、镍氢电池有不少优点,如能量密度较高、平均输出电压高、自放电小、没有记忆效应、可快速充放电、使用寿命长等。

目前,国外正在发展固态氧化物燃料电池和锌空气燃料电池技术,预计这些技术将在 3～4 年内成熟,将是微型无人机的最佳选择。

（3）微型内燃机。

微型内燃机是近期微型无人机的最好选择之一。目前,这种发动机已投产,具有技术成熟、价格便宜、能量密度比电池高等优点,被小型无人机大量采用。但是,内燃机的高油耗限制了无人机的航程和续航时间,采用这种发动机的无人机最长可飞行 20 min。而且,这种发动机难以满足质量轻、噪声小、振动小和可靠性高的要求。此外,它对温度和湿度非常敏感,在恶劣的环境条件下很难使用。同时,发动机的空中再起动也存在很大的困难。目前,国外正在研究低噪声、振动小和运行时间长的先进内燃机技术。

（4）微型热电发电机。

美国布莱克史伯格技术公司和 Hi-Z 技术公司在 1998—2001 年合作研制了一种用于无人机的高效微型热电发电机（Thermoelectric Generator,TEG）,利用发动机产生的废热为无人机的机载设备供电。这种发电机利用塞贝克（温差电动势）效应,将热能直接转化为电能。这种发电机可做成微型发动机的外壳,或用特殊的薄膜贴在发动机的外壁上,利用发动机排出的废热产生额外的电能。目前,这两家公司的两种小型热电发电机已在几种内燃机上进行了试验,并在较大些的无人机发动机上用 6 块 TEG 产生了 1 W 的电功率。

(5)转子发动机。

美国加利福尼亚伯克利大学正在研究一种采用液体碳氢燃料的小型转子发动机。发动机采用钢材料,用放电加工(Electronical Discharge Machining,EDM)方法制造,计划发展两代可满足无人机需求的小型转子发动机。

第一代发动机的转子直径 9 mm,体积 78 mm³,厚 3.6 mm,转速 30 000 r/min,油耗 14 mL/h,可产生 15 W 的功率。第二代发动机的转子直径 13 mm,体积 348 mm³,厚 9 mm,转速 30 000 r/min,油耗 62 mL/h,可产生 30 W 的功率。同时,该公司也在研究转子直径 1 mm,转速 40 000 r/min,发动机体积 0.08 mm³,可产生 10~20 mW 功率的微型转子发动机。

目前,该实验室正在进行采用氢与空气混合作为燃料的小型转子发动机的试验,发动机在 9 300 r/min 的转速下产生了 3.7 W 的功率。这种发动机的技术难点包括密封、点火、热管理和加工技术。

(6)火箭/涡轮组合发动机。

20 世纪 90 年代后期,英国防务评估和研究机构(Defence Evaluation and Research Agency,DERA)推进部提出了一种用于无人机的以过氧化氢和煤油或其他相近物质为燃料的火箭/涡轮组合发动机。它的工作原理是:过氧化氢在催化剂的作用下产生蒸汽和高温氧气,氧气与位于火箭发动机尾部的小燃烧室中的煤油发生反应,产生的高速排气推动一个与涡轮耦合的涵道风扇。这种发动机具有单位推力大、排气红外信号低、无污染、无毒、可储存、无须点火系统、性能与微型燃气涡轮发动机可比等许多优点,并且由于采用了成熟的技术,因此其技术风险小。

从美国高速飞机 SR-72(图 2.18)发展计划和欧洲高速飞机发展计划看,由于临近空间空气稀薄,因此单一循环发动机难以满足飞行器在地面普通机场常规水平起降、临近空间以马赫数 5 以上速度巡航的飞行条件。为此,基于性能、费用、安全和技术可行性等方面综合因素,吸气式涡轮基组合循环(Turbine Based Combined Cycle,TBCC)发动机是该类飞机动力的重要发展方向。国外 TBCC 技术开发围绕高速涡轮基技术、冲压/超燃冲压发动机技术、飞发一体化技术和热防护技术四个领域并行发展。比较典型的 TBCC 研究计划有 RTA、FaCET、TriJet、LAPCAT 和 SR-72。其中,SR-72 是洛·马公司于 2013 年 11 月发布的马赫数为 6 的高超声速飞行器,采用并联式 TBCC 发动机,其关键技术包括推力接力技术、射流预冷却技术、超级燃烧技术、涡喷发动机与超燃冲压发动机集成技术。

(7)往复化学肌肉。

美国佐治亚技术大学的研究人员研制了一种以往复化学肌肉(Reciprocating

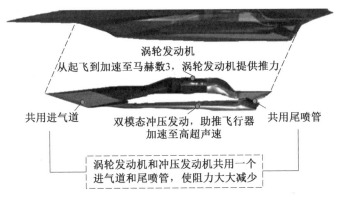

涡轮发动机
从起飞到加速至马赫数3，涡轮发动机提供推力

共用进气道　　双模态冲压发动，助推飞行器　　共用尾喷管
　　　　　　　加速至高超声速

涡轮发动机和冲压发动机共用一个
进气道和尾喷管，使阻力大大减少

图2.18　SR-72动力示意图

Chemical Muscle,RCM)为动力的扑翼微型无人机。与电池的工作原理类似，RCM通过非燃烧反应把化学能直接转化为动能，即在一个催化室中，过氧化氢与水混合，产生蒸汽。同时，它也为传感器或其他机载系统供电。RCM的优点是结构紧凑，并有很高的能量释放率。一个带RCM的效率为100%的50 g无人机可能只需要1 W多点的功率。1 cm³的燃料可推动100 g的无人机飞行32 s，等量燃料可使质量减半到50 g的无人机连续飞行3 min。

2. 脉冲爆震发动机

脉冲爆震发动机是一种利用脉冲式爆震波产生推力的新概念发动机，包括吸气式脉冲爆震发动机(Pulse Detonation Engine,PDE)和脉冲爆震火箭发动机(Pulse Detonation Rocket Engine,PDRE)两种类型。它们的基本工作原理是相同的，区别是吸气式PDE从空气中获得氧化剂，适用于大气层内飞行；而PDRE自带氧化剂，适用于外层空间飞行。该发动机没有旋转部件，其工作过程包括进气(吸气)、喷油、点火、爆燃、排气等。爆震燃烧是燃料化学能在短时间内快速、高效转变为机械能的非稳态化学反应过程。爆震燃烧产生的爆震波的传播速度极快(达到几千米每秒)，使可爆燃料的压力、温度迅速升高(可高达100 atm $(1\ atm=1.013×10^5\ Pa)$和2 800 ℃)。因此，基于爆震燃烧的发动机可以不用传统的压气机和涡轮部件就能达到对气体进行压缩的目的。与一般喷气发动机相比，它具有以下特点。

(1)由于没有压气机、涡轮等转动部件，因此其结构简单、质量轻、推重比大(大于20)，是新一代高推重比无人机的理想方案。

(2)等容燃烧(燃烧时容积不变、压力升高)，热循环效率高，耗油率低。

(3)工作范围宽，可在马赫数为0～10、高度为0～50 km范围内飞行，推力可调，推力范围为0.5～5 000 kgf。

(4)与冲压发动机不同，其可以在地面静止状态起动。

(5)可以使用空气中的氧气或自带氧化剂,能分别以吸气式发动机或火箭发动机方式工作,可以实现空天往返飞行。

(6)由于采用间歇式循环,壁温不高,可采用普通材料,因此制造成本较低。

目前研究较多的脉冲爆震发动机的结构有两种:一种为旋转阀多燃烧室结构;一种为带预起爆器的PDE结构。

脉冲爆震发动机有多种用途,除独立用作动力装置外,还可利用爆震燃烧构成外涵PDE涡轮风扇发动机、PDE加力燃烧室、基于PDE的混合循环和组合循环发动机,广泛应用于无人机、靶机、战斗机、高超声速隐身侦察机、战略轰炸机、远程导弹等,对将来的空间和大气飞行器会产生深刻影响。

3. 新能源航空发动机

无须空中加油,使飞机在空中长时间飞行是航空工程师的一大梦想。为此,有两种途径可供选择:一是利用高能燃料替代传统的航空煤油;二是利用电能、核能、太阳能等新型能源,这些新型能源具有环保无污染、储量充足等优点。

以新型能源为动力的无人机可以实现不着陆的长期不间断巡航飞行,可作为高空无限航时侦察、通信中继、环境监测、气象观察等军民用无人机的动力装置,可部分代替卫星的功能。一旦在一些关键技术和原理上取得突破,新型能源动力发动机很有可能将在新一代的航空动力技术中占据重要的一席之地。

目前各国陆续开展的多种新能源航空发动机的研究主要如下。

(1)太阳能发动机。

太阳能发动机是利用太阳能电池组将光能转变为电能,并通过电动机带动螺旋桨使飞机在高空飞行的动力装置,主要包括太阳能电池组、直流电动机、螺旋桨和控制装置。由于太阳辐射的能量密度小,因此为获得足够的能量,飞机上需设置有足够大表面积的太阳电池区域。比较著名的太阳能无人机是美国航空航天局(National Aeronautics and Space Administration,NASA)资助Aero Vironment公司研制的"太阳神号"无人机。该机是矩形飞翼式布局,翼展75 m,身长2.4 m,以二次高能电池和太阳辐射能为动力,装有65 000片硅太阳能电池块,在理想的阳光照射下可提供40 kW电能,驱动14个推进器,巡航速度为30~50 km/h。其于2001年7~8月进行了试验飞行,最大飞行高度为29 km,留空时间为18 h。其在2003年试飞时因超细长机翼发生静气动弹性变形发散而在空中解体,直接导致该项目停滞不前。为此,太阳能无人机的设计关键在于电池选用,不仅要求质量轻、厚度薄、有一定的柔性,还要有较高的电池效率,这些因素决定了太阳能无人机的动力和承载能力。太阳能电池效率通常在10%~30%,这项技术的提升有望减小飞机的表面积或增加承载质量。

目前世界上大型和小型太阳能无人机研制比较活跃。太阳能无人机长航时飞行性能见表2.1。

表 2.1 太阳能无人机长航时飞行性能

国家	太阳能无人机名称	类型	翼展/m	起飞质量/kg	续航时间
瑞士	"太阳脉动"	大型	80	2 000	19 h
美国	Odysseus	大型	74	2 500	3 min
美国	Skydweller Aero	大型	71	362	30~90 d
中国	"彩虹"太阳能	大型	45	70	24 h
英国	"西风7"Zephyr	小型	22.5	40	336 h 22 min
中国	"魅影12"	小型	7	15	27 h 37 min
瑞士	Atlantik-solar	小型	5.69	20	81 h
美国	"索隆"Solong	小型	4.75	12.6	48 h 16 min
瑞士	"天空使者"Sky-sailor	小型	3.18	2.6	27 h
美国	"美洲豹"Puma3 AE	小型	2.8	6.8	150 min

（2）氢燃料发动机。

氢燃料按质量计的热值是煤油的 2.78 倍，且燃烧时不产生碳氧化物和烟尘，氮氧化物比煤油燃烧时少 2/3。因此，用液氢作为航空燃料具有热值高、飞行时间长或有效载荷大、环保性能好等优点，其缺点是液氢密度小（为煤油的 1/12）、体积大、工作温度低（−253 ℃）、成本高、运输和储存困难。美、俄、西欧等国家和地区已进行了多年研究，目前正在进行半商业性试验。

（3）液态天然气燃料发动机。

液态天然气的主要成分是甲烷，被公认为地球上最干净的化石能源，具有无色、无味、无毒、无腐蚀性等特点。全球的天然气储量比石油大（可开采 100~200 年），液态天然气燃烧时产生的碳氧化物、氮氧化物和烟尘比煤油少，而沸点和密度比液氢高，由低温和容积引起的技术难题比液氢容易解决。因此，液态天然气可作为一种过渡性燃料。

（4）燃料电池电动发动机。

燃料电池将燃料的化学能直接转变为电能，通过电动机驱动螺旋桨或旋翼。燃料电池由燃料、氧化剂、电极、电解液四部分和控制系统等组成，燃料有烃类、天然气、氢、甲醇等。燃料电池的工作原理与一般的电池类似，都是通过电极上的"氧化-还原反应"使化学能转变为电能。它们的区别在于：一般电池的反应物质是预先放在电池里的，这些反应物消耗完之后，电池就不能继续供电；而燃料电池的反应物质是放在电池之外的，当燃料和氧化剂连续输入电池中时，燃料电池就可以源源不断地发出电来。由于电动发动机不依赖石油燃料，没有一氧化碳和二氧化碳的排放，红外辐射极小，无污染，无噪声，有利于隐身，因此燃料电池电动发动机对于军民用无人机都有很大的诱惑力。

早在2003年,美国Aero Vironment公司就在NASA资助下开发了"大黄蜂"无人机和"太阳神"无人机。前者采用质子交换膜燃料电池,航时达到0.25 h;后者采用氢燃料电池,从此开启了燃料电池无人机时代(图2.19)。美海军研究实验室一直致力于研究小型燃料电池无人机Spider Lion,翼展2.2 m,质量3.1 kg,飞行3 h,采用的是Protonex公司质子交换膜燃料电池和高压气态氢气。实验室在2017年使用了该公司的改进储氢技术,并用于另一款Ion Tiger"离子虎"无人机上,翼展5.2 m,质量15.9 kg,续航时间达到48 h。美国洛·马公司设计的XE燃料电池无人机翼展3.6 m,质量11 kg,采用AMI公司的固体氧化物燃料电池,航时超过8 h。其他一些国家也在研究燃料电池无人机,例如:2014年,以色列蓝鸟公司的"徘徊者B"采用了Horizon公司提供的燃料电池系统,航时达到10 h以上;2016年,新加坡ST Aerospace公司研发的Skyblade 360燃料电池无人机采用Horizon公司提高的Aeropak燃料电池系统,航时达到6 h;2019年,韩国Meta Vista公司研发的四旋翼无人机采用Intelligent Enersgy公司800 W的燃料电池动力模块,试飞了12 h,创造了目前旋翼类无人机最长航时记录。

(a) "大黄蜂"无人机　　　　　　　　　(b) "太阳神"无人机

图2.19　燃料电磁驱动飞行器项目

(5)微波动力。

微波是一种波长为1 mm~1 m、频率为300~300 000 MHz的电磁波。微波能够有效地传输能量。微波动力无人机的原理是:地面上的微波站将能量很高的微波发射给空中的无人机,无人机将其天线所接收的微波再转换成电能,驱动电机带动螺旋桨,也可以用微波能量直接加热喷气发动机的压缩空气。

1987年9月,第一架高空无人驾驶微波飞机在加拿大渥太华郊外的机场成功地飞行了20 min。2000年,加拿大通信研究中心研制的微波动力平台SHARP无人机的机身安装了50 000根印刷电路天线,接收来自地面抛物面天线的微波能,能使飞机做直径2 000 m的定长圆周运动飞行,时间持续6个月。美国设计的"阿波罗"号轻型飞机是一种用微波作为动力的有人驾驶喷气飞机,可以爬高到12 000 m,而且还备有自带燃料,以便在大气层外飞行。2021年,美国X-37B

无人航天飞机的微波动力正在持续验证中,最终目的是能够让无人机无限期地在全球任何地方的高空飞行。

尽管微波无人机可大大节省传统燃料,减少燃气的污染,但是它却带来了另外一种污染,即对人体和环境都十分有害的电磁波污染。此外,这种无人机的造价(主要是地面微波发射设备)较高,而且无人机的载重也有待提高。

2.3　发射与回收系统

无人机的发射与回收系统同样是无人机飞行平台的重要组成部分,为无人机的机动灵活、重复使用及高生存能力提供必要的技术保障。一些资料表明,利用物理学中做功的概念来描述无人机发射回收系统的基本功用是比较形象的,即发射过程是对无人机提供飞行初动能,而回收过程则是快速吸收无人机的能量。

2.3.1　发射系统

与普通飞机相比,无人机的起飞方式更为多样,归纳起来主要有滑跑起飞、垂直起飞、空中投放、滑车发射、助推起飞、轨道式发射、容器发射和手抛发射等类型。

1. 滑跑起飞

滑跑起飞是飞机最为常用的一种起飞方式,正常地面自行滑跑方式与常规飞机类似。对于无人机而言,其优点在于简单可靠、配套地面设备较少。但其也存在发射时需有一定长度的平整路面或跑道等缺点。地面滑跑方式一般适用于某些中大型无人机。

2. 垂直起飞

无人机垂直起飞方式有两种类型:一是旋翼无人机垂直起飞,这种起飞方式是以旋翼作为无人机的升力工具,一般不受场地面积和地理条件的限制;二是固定翼无人机垂直起飞。固定翼无人机垂直起飞方式又可分为两种:一种是以垂直姿态放置,由无人机尾支座支撑,在发动机的作用下垂直起飞;另一种是配备垂直起飞用的发动机,在发动机推力作用下实施垂直起飞。垂直起飞的两类无人机如图 2.20 所示。

3. 空中投放

空中投放即由有人驾驶的飞机(母机)将无人机带到空中,当飞到预定的高度和速度时,在指定空域启动无人机的发动机,然后投放,又称空中投放。这种方法简单易行,只需在母机下方增加若干个挂架,机内增设测控操纵台及通往无

(a) 旋翼无人机　　　　　　　　　　(b) 垂直起降固定翼无人机

图 2.20　垂直起飞的两类无人机

人机的油路、气路和电路,即可把无人机带到任何地方。空中投放如图 2.21
所示。

目前正在研究由无人机做母机,从空中发射无人机的方式。投放方式要考
虑的问题与发射导弹一样,特别要注意防止投放瞬间碰撞事故。另外,投放系统
要有快速应急投放装置,以防止无人机挂在母机上时发生意外又不能立即投掉,
影响母机安全。用运输机或直升机从货舱中向后投放也是可行的办法。

图 2.21　空中投放

4. 滑车发射

滑车发射是用一种特殊的发射车装载无人机起飞,如图 2.22 所示。无人机
架在发射机上,由飞机上的动力装置提供滑跑动力。滑车一般是钢管构架三轮
式。滑车的操纵由机上自动驾驶仪的信号驱动伺服装置控制前轮实现。起飞
时,无人机一般在负仰角下加速。当达到起飞速度时,抬起到起飞仰角。飞机上
仰离架,开始脱离滑车,同时滑车采用自身刹车装置进行制动。起飞滑车通常由
三部分组成:车身部分、自动控制系统和冷气系统。自动控制系统的功用是在起
飞车滑跑时保证其航向稳定,滑车左右偏航不宜超过 3%。冷气系统是滑车架的
能源。

5. 助推起飞

将无人机装在发射架上,借助固体火箭助推器的动力、高压气体或橡皮绳弹
射器实现零高度发(弹)射起飞的方式称为助推起飞。固体火箭助推器是一部固

图 2.22　滑车发射

体燃料火箭发动机,这种起飞方式是现代战场上使用较多的机动式助推起飞方式。火箭助推发射如图 2.23 所示。某些小型无人机也可不用火箭助推器,而靠压缩空气弹射器弹射起飞。气压弹射如图 2.24 所示。

图 2.23　火箭助推发射

图 2.24　气压弹射

6. 轨道式发射

如果起飞方式是用弹射滑轨进行的,则起飞推力要加上助推火箭或液压弹射器的推力,起飞质量要加上火箭的质量,滑轨的摩擦因数也与跑道不同。无人机的向前加速度可能达到 8g 或更大,滑轨的长度应保证无人机离开滑轨时达到起飞速度。火箭助推发射器的前期投入低,不需要太多预备时间,发射器安装后无人机仍可以存储较长时间,可以发射质量达到 2 000 kg 的无人机。其缺点是有热、光、声的辐射,火箭需要专门操作,尤其是发射大型无人飞机安全系数低,长期投入大。轨道式发射如图 2.25 所示。

7. 容器发射

容器发射如图 2.26 所示。容器发射式发射装置是一种封闭式发射装置,兼有发射和储存无人机的功能,分为单室式和多室式两种类型。多室发射时将无人机安放在容器内的发射轨道上,靠容器内动力设备开启室门,推出轨道。调整发射角度后按先后次序发射每个室内的无人机或成组发射无人机,也可同时齐发无人机。

图 2.25 轨道式发射

图 2.26 容器发射

8. 手抛发射

手抛发射一般适用于微(小)型、低速无人机。其优点在于简单可靠,无须地面发射装置,但其存在起飞质量受限的缺点。其投掷力量要根据飞机质量决定,不是越用力越好,而且一定要考虑风向和四周环境。一般无人机要有一定的加速距离才能转入正常飞行状态或作转弯飞行。手抛发射如图 2.27 所示。

图 2.27 手抛发射

2.3.2 回收系统

多数无人机可以重复使用,称为可回收无人机;也有的无人机只使用一次,只起不落,称为不可回收无人机。目前,可回收无人机的回收方式大体可分为以下几种。

1. 滑跑着陆

滑跑着陆是无人机一种较为常用的着陆方式,几乎可适用于任何类型的无人机。其优点是简单可靠,配套地面设备少,使用成本较低;缺点是依赖机场跑道或较好的地面环境,机动性较差,导引精度要求高,起落架结构还需占用无人机部分机载空间及质量。

2. 舱式回收

舱式回收通常只回收无人机有价值的部分,如照相舱等。美国的 GTD-30型高空超音速无人机就是采用的这种回收方法。当它完成侦察任务,返回到基地预定地点上空时,便弹出照相舱,照相舱自动打开降落伞,徐徐下降,机体部分自行坠毁。这种方法并不常用,其原因是回收舱与无人机分离难度较大,被抛弃的机体造价较高。

3. 气垫着陆

在无人机的机腹四周装上"橡胶裙边",其中有一带孔的气囊,发动机把空气经气道压入气囊,压缩空气从气囊中喷出,在机腹下形成高压空气区。降落伞+气垫回收无人机如图 2.28 所示,气垫能够支托无人机贴近地面,使其不与地面发生猛烈撞击,它与气垫船、气垫车利用气垫效应脱离地面或水面腾空行驶的原理一样。该方法的最大优点是着陆时不受地形条件的限制,大、小型无人机均可用,回收率高,费用较低。

图 2.28　降落伞+气垫回收无人机

4. 网式回收

网式回收是小型无人机普遍采用的回收方式之一。网式回收系统一般由回收网、能量吸收装置和自动引导设备组成。回收网由弹性材料编织而成,分为横网和竖网两种不同的架设形式;能量吸收装置与回收网相连,其作用是把无人机撞网的能量吸收掉,使其速度迅速减小到零,以免无人机触网后在网中继续运行而损坏;自动引导设备通常是一部置于网后的电视摄像机或装在回收网架上的红外线接收机,由它及时向指挥站报告无人机返航路线的偏差。

当无人机返航时,地面站控制无人机以小角度下滑,最大飞行速度不超过120 km/h,操纵人员通过电视监视器监视无人机飞行,并根据地面电视摄像机拍摄的图像或红外接收机接收到的信号确定返航路线的偏差,然后控制无人机修正飞行路线,对准地面摄像机的瞄准线,飞向拦截网。

5. 伞降回放

用降落伞回收无人机是目前比较普遍采用的回收方法,如图2.28所示。无人机用的回收伞不仅与伞兵用伞、空投物资用伞一样,而且开伞程序也大致相同。用降落伞回收的无人机可采用地面着陆、水上溅落和空中回收三种方式,主要过程是:无人机按预定程序或在遥控指挥下到达回收区上空,自动开伞或根据遥控指令开伞,然后降落在陆地上或水面上。

一些大型的遥控无人机由于翼载大、飞行速度高,因此在场地狭小的地区不能正常下滑着陆。若采用平尾上翘迫降的办法,则下沉速度高,撞击载荷大,容易使无人机损坏。因此,这些无人机多数采用降落伞悬吊回收的方案。

回收伞可选择的结构形式有方形伞、平面圆形伞、底边延伸伞和十字形伞等。方形伞的优点是阻力系数较大,稳定性比圆形伞好;缺点是伞衣受力不均匀,结构布局不合理,伞衣四角底边向内收缩,容易造成伞衣被伞绳打伤的现象。平面圆形伞的优点是工作可靠,开伞快,伞衣受力均匀,包装方便;缺点是稳定性差,制造工艺较方形伞复杂。底边延伸伞的优点是开伞动载小,稳定性好,适于用作回收伞;缺点是阻力系数稍小,工艺性稍差。十字形伞的优点是稳定性好,制造工艺简单,开伞动载较小;缺点是阻力系数较小,质量和体积略大。

采用降落伞回收要注意以下几个问题。

(1)在有风的天气,伞降回收无人机的定点性较差,需要根据飞行经验判断开伞高度和时机。另外,一定要装备无人机触地时的主伞分离机构,以防止着地后因伞被风吹开而把无人机拖坏。

(2)用伞降回收的无人机有些机身腹部需要一定的缓冲装置,以减轻撞地时的冲击力。

(3)若需要较大的回收伞,应装减速伞。一般应尽量避免在大速度飞行状态下开伞。

(4)伞绳和机体连接处的结构要特别注意加强,最好增加可以缓冲开伞冲击力的橡筋束或其他装置,防止开伞时损坏无人机或拉断连接处。

6. 反推火箭

反推火箭着陆方式可使无人机软着陆,实现无人机的无损回收,但其缺点是涉及火工品的储存、运输和使用,需要占用无人机部分机载空间及质量。该方式一般与伞降回收方式配套使用。

7. 空中回收

空中回收必须与伞降装置结合使用,而且除上述装置外,无人机还要增加一个钩挂伞。开伞后,钩挂伞吊在主伞之上,使回收直升机或飞机便于辨认和钩住钩挂伞。回收飞机或直升机用钩挂装置钩住钩挂伞与吊索后即可将其拖回基地。主伞可以在钩好后抛弃。无人机空中下降速度一般不宜大于 7 ~ 8 m/s,无人机开伞高度通常应较高,约为 3 000 ~ 4 000 m,使回收飞机有充足的时间定位及操作。现在的水平是,主伞直径不能太大(如不大于 13 ~ 14 m),无人机质量也不能太大(如 2 500 kg)。

8. 迫降回收

迫降回收只对小/微型无人机适用,否则飞机触地时撞击力过大会引起损坏。迫降方法是通过遥控指令或编程控制,起动飞机上的某种机构,使发动机停车,平尾后缘上偏-40° ~ -60°。由于水平尾翼负升力剧增,因此无人机机头猛抬,机翼很快进入失速迎角。无人机在失速后往往先产生类似"失速尾冲"的动作,下退一小段距离,然后机头迅速下沉呈俯冲状态,接着很快过渡到平稳的水平状态垂直下沉。迫降回收如图 2.29 所示。

图 2.29　迫降回收

迫降时,无人机机翼已进入深度失速,所以机翼不产生升力。但无人机下沉时由于相对气流的作用,因此机翼和平尾将分别产生机翼阻力(Dw)和平尾阻力(DH),二者对无人机重心产生的力矩会达到平衡。保持稳定的原理是,当无人机抬头时,由于平尾迎风面积增加,因此平尾阻力增大。而机翼迎风面积减少,机翼阻力减小,结果产生低头力矩,使无人机恢复原来的水平下沉状态。当无人机低头时,情况正好相反,结果产生抬头力矩,也使无人机恢复到原先的平稳下沉状态。迫降时横向的稳定性还是受机翼上反角的作用。

要注意迫降时平尾后缘上翘的角度不宜太小,否则机翼失速不够,会产生连续尖顶波状飞行,直至最后撞地,或在强上升气流作用下不能迫降。另外,上翘的平尾不能歪斜,否则无人机在迫降时将绕竖轴旋转,形成急盘旋下坠,着陆时容易损坏飞机。

无人机迫降时的下沉速度与翼载有关。翼载小的无人机迫降时下沉速度慢,一般在机身下不需要安装缓冲装置,迫降不会造成损坏。而翼载在 2 kg/m²

以上的无人机由于迫降时下沉速度大,因此往往需要安装钢丝滑橇等缓冲装置来缓解着陆的撞击力。装气囊一类的缓冲装置效果会较好,但其质量和复杂性都增加,是否安装要经过全面衡量后决定。

此外,无人机的着陆方式还有旋翼无人机垂直着陆、固定翼无人机垂直着陆等。

无人机的起飞和着陆方式多种多样,采用何种方式往往视无人机的用途、质量、尺寸及技术水平而定。一般来说,起飞用母机投放和火箭助推的居多,着陆用降落伞的居多。

第3章 飞行控制与导航系统

本章介绍无人机飞行控制系统与导航系统相关技术,为实现无人机的自主飞行、对目标的精确打击并顺利完成设定的任务,飞行控制系统和导航系统的作用最为关键。无人机自动飞行控制系统的基本任务是在无人机在空中受到干扰的情况下保持飞机姿态和航迹的稳定,按地面无线传输指令的要求改变飞机姿态和航迹,并完成导航计算、遥测数据传送、任务控制与管理等。无人机导航系统的基本任务是控制无人机按照预定的任务航路飞行。为实现导航,无人机必须确定飞行的实时位置、速度、姿态等相关参数信息。对于无人机系统来说,无人机飞行控制系统与导航系统是紧密联系在一起的。

3.1 自动飞行控制系统

无人机的自动飞行控制系统是基于机载计算机自动控制的系统,该系统由机载计算机硬件和软件组成,是无人机的重要系统。其主要功能是在机载计算机的控制下,自动地按照航路规划文件的数据完成给定的飞行控制任务。

自动飞行控制系统是 20 世纪 60 年代在自动驾驶仪基础上发展起来的一种自动化程度较高的机载自动控制设备。自动驾驶仪作为早期的飞行自动控制设备,其主要特点是在飞行过程中投入工作,来代替飞行员操纵飞机。

无人机的自动飞行控制系统与导航系统、任务载荷系统、发动机控制系统均结合在一起,依靠控制软件协调各系统工作,更加完美地完成飞行任务。

3.1.1 组成与基本功能

1. 组成

自动飞行控制系统是由一套机载自动控制设备组成的工作系统,该系统与无人机组成一个闭环控制系统。在这个闭环控制系统中,无人机是被控对象,飞行自动控制系统是控制器。利用飞行自动控制系统控制无人机,可实现无人机的自动飞行和自动着陆。

自动飞行控制系统由飞机状态测量装置、机载飞行控制计算机、执行机构组成。其中,飞机状态测量装置包括 GPS 模块、磁罗盘模块、大气数据传感器、陀螺、加速传感器等,执行机构包括油门舵机、方向舵舵机、副翼舵机及升降舵舵机等。图3.1所示为采用数字连接技术的无人机自动飞行控制系统设备示意图。

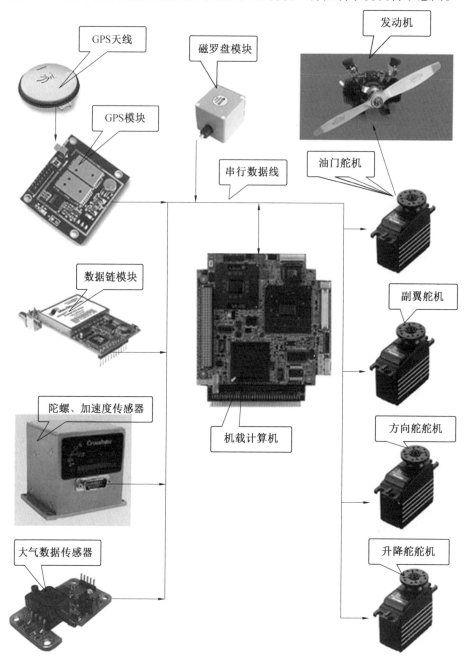

图 3.1 采用数字连接技术的无人机自动飞行控制系统设备示意图

（1）任务数据给定。

任务数据给定将飞行任务规划产生的航路参数及对应的机载设备载荷的工作要求和信息数据加载到无人机机载计算机的程序中。加载一般可以使用机载计算机的 RS-232 接口，也可以使用 U 盘。在机载计算机程序运行时，可以使用该数据。

（2）飞机状态测量装置。

飞机状态测量装置根据无人机的高度、速度、经纬度、姿态等情况输出测量信号。自动驾驶仪能给出的测量信号很多，但大体上可分为两类：一类是无人机角运动信号，如无人机的俯仰角、倾斜角、航向角和各种角速度信号等；另一类是无人机的线运动信号，如高度差信号、升降速度信号等。其他测量信号还有发动机的转速、排气温度等。

（3）机载飞行控制计算机。

机载飞行控制计算机是将测量信号、给定信号及回输信号进行计算的装置。经过计算以后，信号被输送到舵机和油门。

（4）执行机构。

执行机构包括舵机和油门，其根据计算机的控制信号带动舵面、油门偏转，从而操纵无人机运动。

（5）机载设备测量装置。

机载设备测量装置对机载设备的工作状态进行检测，一旦发现故障就进行应急处置。

2. 主要功能

各种无人机的自动飞行控制系统的功能都不尽相同，但一般都有如下功能。

（1）按预定航线飞行功能。

根据飞行任务规划产生的航路参数及对应的机载设备载荷的工作要求和信息数据，按程序引导无人机按规定的路径飞行并完成任务（图 3.2）。

（2）特殊控制功能。

自动控制无人机的起飞和着陆（图 3.3 所示的自动着舰控制），以及在飞行过程中按要求控制机载任务系统工作。

（3）自检测与应急事件处理功能。

检测和显示无人机系统是否正常工作和定位系统故障，在出现故障时自动进入故障处置程序，同时便于地面站人员在飞行准备期间进行检查。

（4）调整功能。

每架无人机的气动性能都有差异，有的差异还较大。为保证无人机的稳定性，需要对自动飞行控制系统进行调整，此为人工智能功能，许多无人机不具备。

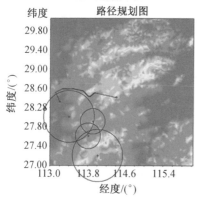

图 3.2　按规划路径实施飞行控制示意图　　图 3.3　X-47B 无人机自动着舰示意图

3.1.2　基本原理与调节规律

1. 基本原理

飞行自动控制系统是基于有人机的操纵原理来控制无人机飞行的。根据有人机的操纵原理对无人机飞行姿态的控制是通过改变无人机各操纵面的偏转角来实现的。从操纵无人机的角度来看,飞行自动控制系统与飞行操控员所做的工作是相同的。假设要求无人机作水平直线飞行,飞行操控员是如何控制无人机的呢?

无人机在平飞状态下受到干扰(如阵风)偏离原姿态(如无人机抬头)时,飞行员观察到天地线或地平仪的变化,用大脑做出决定,通过神经系统传递到手臂,推动驾驶杆使升降舵向下偏转,产生相应的下俯力矩,使无人机趋于水平。飞行员看到飞机快回到水平位置时,又提前逐渐把驾驶杆收回原位。当无人机回到水平时,驾驶杆和升降舵也回到原位。

图 3.4 所示简单的飞行自动控制闭环系统中,垂直陀螺仪作为测量元件,用以测量飞机的俯仰角,当飞机以给定俯仰角水平飞行时,陀螺仪电位计没有电压输出。如果飞机受到扰动,使俯仰角向下偏离期望值,则陀螺仪电位计输出与俯仰角偏差成正比的信号,经放大器放大后驱动舵机。一方面推动升降舵面向上偏转,产生使飞机抬头的转矩,以减小俯仰角偏差;另一方面带动反馈电位计滑臂,输出与舵偏角成正比的电压信号并反馈到输入端。随着俯仰角偏差的减小,陀螺仪电位计输出的信号越来越小,舵偏角也随之减小,直到俯仰角回到期望值。这时,飞机舵面也恢复到原来的状态。

从自动控制的观点看,飞行操控员与无人机构成了一个"负反馈"闭环系统。利用飞行自动控制系统代替飞行员时,飞行自动控制系统中必须有代替飞行员的相应装置,即飞行控制计算机,该计算机与无人机组成一个闭环系统(图 3.5)。

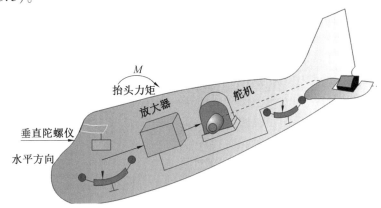

图 3.4　简单的飞行自动控制闭环系统

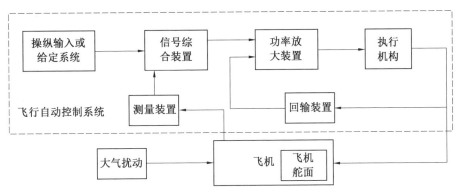

图 3.5　飞行自动控制闭环系统

由此可见,飞行自动控制系统中的测量元件、机载计算机系统和执行机构可代替飞行员的眼睛、大脑、神经系统和手臂,自动地控制无人机的飞行,这三部分是飞行自动控制系统的核心。

如果把无人机飞行中的原始状态作为基准状态(即给定状态),而无人机飞行中某一时刻的飞行状态为实际状态,则由上述过程可知,飞行自动控制系统是根据无人机实际状态与基准状态的偏差来控制无人机的,其控制过程是按负反馈原则进行的,控制的最终结果是消除偏差。由此可见,飞行自动控制系统的基本工作原理就是自动控制理论中最重要、最本质的“反馈控制”原理。

无人机基准状态改变同样会产生偏差,使飞行自动控制系统工作。无论是实际状态变化还是基准状态改变,所引起的飞行自动控制系统的工作过程都是相同的,但控制的结果却有本质上的区别:由实际状态变化引起的控制过程是一个稳定过程,结果是使无人机回到基准状态上;基准状态改变所引起的工作过程

63

是一个操纵过程,结果是使无人机进入一个新的飞行状态。为此,把飞行自动控制系统的控制分为两种基本工作状态,即稳定状态和操纵状态。由无人机实际状态变化引起的工作过程称为稳定状态;由无人机基准状态改变引起的工作过程称为操纵状态。这些状态的变化既可以是靠预先装载在机载计算机中的航路规划的指令,也可以是接收到的地面站发出的控制指令。

在自动控制原理中,信号综合装置是关键装置,可以是复杂的计算机,也可以是最简单的杠杆。无人机中的机载计算机就是无人机控制系统中完成信号综合的装置。飞行自动控制系统的调节是有方法的,这些方法称为调节规律,是指系统控制各输入信号与无人机舵面偏转角之间的对应控制关系。它表明了飞行自动控制系统工作时,舵面偏转角是怎样随各类输入控制信号的变化而变化的。调节规律的实质是指飞行自动控制系统工作时以什么样的控制方式控制无人机及它的控制特点。

根据舵偏角与各输入信号之间的不同对应关系,飞行自动控制系统的调节规律可分为比例式和积分式两种基本的调节规律,并在此基础上派生出第三种调节规律——混合式调节规律。另外,在现代飞行自动控制系统中,还有模糊调节规律及其他更现代的调节规律,这些规律是由机载计算机的程序计算完成的。

2. 自动飞行控制系统的软件

在无人机自动飞行控制系统中,软件负责接收处理系统内部和外部的运行状态和事件,主要如下。

(1)相关的操纵机构产生的操纵输出和状态。

(2)飞行控制计算机系统在执行飞行任务前需要加载的信息数据。

(3)自动飞行控制系统各硬件和软件模块内部的状态信息。

(4)自动飞行控制系统目前的工作模式。

(5)自动飞行控制系统工作的初始状态。

(6)自动飞行控制系统工作的状态转换。

(7)自动飞行控制系统设定的故障模式及处理。

软件接收来自外部传感器接口模块的模拟量、开关量,以及自动飞行控制系统俯仰、横滚、自动油门和有关分系统当前的各种状态量和标志量。还接收使用飞行任务加载的数据信息,自动控制系统各种接通逻辑和各种飞行方式下的工作模式,发出各类指令控制飞行器系统程序的运行状态等。

3. 内部接口模块

内部接口模块主要处理本系统运行状态处理模块与各部件的数据交换,其输入量大部分来自各模块,采用主迭代速率采集和监控这些输入信号的变化,并将其中各种当前状态作为逻辑模块的输入信号,将来自飞行任务加载的信息数据的轨迹转换为俯仰、横滚、方向、油门控制律计算的参考基准,其输出量送到各操纵模块软件。无人机的程序模块是按基本的控制功能来划分的,也就是有一个具体的功能,相应的就有一个具体的软件模块,这些功能的软件模块需要的数据和信息是靠软件的接口模块来控制的。

4. 俯仰控制律模块软件

俯仰控制律模块负责本系统俯仰控制回路的功能,按照在俯仰飞行方式所有工作模式下的姿态控制律,计算并生成驱动姿态俯仰指示信号,生成驱动升降舵舵机的指令信号。模块按不同模式可划分为多个子模块。图 3.6 所示为俯仰控制律模块与高度控制量的关系框图,图 3.7 所示为俯仰控制律模块与速度控制量的关系框图。

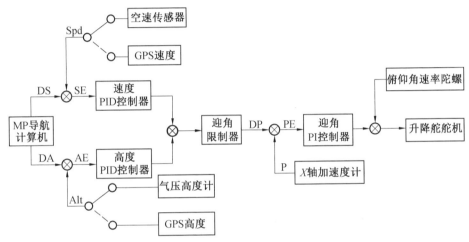

图 3.6　俯仰控制律模块与高度控制量的关系框图

DS—设定速度;DA—设定高度;DP—设定迎角;Spd—当前速度

Alt—当前高度;P—当前迎角;SE—速度偏差;AE—高度偏差;PE—迎角偏差

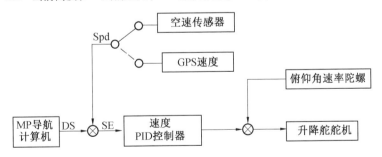

图 3.7　俯仰控制率模块与速度控制量的关系框图

无人机俯仰通道的控制目的是使飞机按照无人机的自动飞行任务控制信息文件中的飞行轨迹所要求的高度来飞行。

5. 横滚、偏航控制律模块

横滚、偏航控制律模块负责本系统横滚、偏航控制回路的功能,完成各种工作模式下的横滚、偏航控制律计算,保持航向稳定性和阻尼横滚引起的振荡,并提供协调转弯等功能,生成副翼、方向舵舵机偏角控制指令信号。该模块也可划分为几个子模块,完成有关逻辑判断及工作模式运算。图 3.8 所示为横滚、偏航控制律模块与控制量的关系框图。

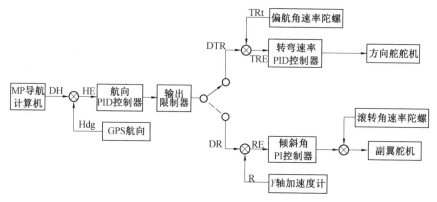

图 3.8 横滚、偏航控制律模块与控制量的关系框图

DH—设定航向;DTR—设定转弯速率;DR—设定倾斜角;Hdg—当前航向

TRt—当前转弯速率;R—当前倾斜角;HE—航向偏差;TRE—转弯速率偏差;RE—倾斜角偏差

6. 自动油门系统模块

自动油门系统模块负责自动油门控制系统功能,可运行在与俯仰飞行方式协调的工作模式下,获得并保持所需的油门位置,通过控制发动机的控制机构,保持所需发动机推力与俯仰飞行方式匹配,达到所要求的无人机高度和空速。图 3.9 所示为自动油门系统模块控制量的关系框图。

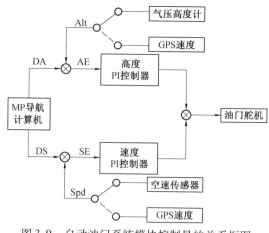

图 3.9 自动油门系统模块控制量的关系框图

3.1.3　飞行参数测量设备

飞行参数测量设备是无人机飞行控制系统的反馈装置,其反馈的是无人机的状态,为机载计算机控制系统检测飞机实际状态与预定状态的偏差,进而为控制计算提供依据。因此,飞行参数的测量精度决定了无人机的控制精度。

1. 大气数据计算机

微型化的大气数据计算机如图 3.10 所示。大气数据计算机是对飞机外的大气数据进行测量的机载综合测量系统。它将传感器测得的静压、总压、总温、迎角和侧滑角等原始数据进行误差补偿后,计算并输出气压高度、高度偏差、升降速度、真空速度、指示空速、马赫数及其变化率、大气静温、大气密度比、真实静压及动压、真实迎角及侧滑角等飞行参数,送给机载计算机系统,用于飞行控制、导航、发动机控制、机载任务系统控制等。

图 3.10　微型化的大气数据计算机

同时,数据还通过无人机的数据链路传送到地面站,提供给控制员和情报部门使用。

2. 陀螺

陀螺仪器最早用于航海导航,但随着科学技术的发展,它在无人机中也得到了广泛的应用。主要是它可以作为自动飞行控制系统中的一个敏感元件,即可以作为信号传感器。根据需要,陀螺仪器能提供准确的方位、水平、位置、角度、角速度和角加速度等信号,利用这些信号完成无人机的姿态稳定控制和轨道变化控制,以便控制飞机按一定的航线飞行。

绕一个支点高速转动的刚体称为陀螺。通常所说的陀螺特指对称陀螺,它是一个质量均匀分布、具有轴对称形状的刚体,其几何对称轴就是它的自转轴。在一定的初始条件和一定的外力矩作用下,陀螺会在不停自转的同时还绕着另一个固定的转轴不停地旋转,这就是陀螺的进动,这种现象可以用来测量飞机运动的角速度。

陀螺的种类很多,无人机常用的陀螺有压电陀螺、微机械陀螺、光纤陀螺等,它们都是电子式的,可以与加速度计、磁阻芯片、GPS 一起做成惯性导航控制系统。

3.1.4　指令接收和应答设备

通信系统的主要用途是使无人机在飞行的各阶段中与地面的控制人员保持双向信号联系,使用甚高频通信系统和卫星通信系统。由于无线电信息是资源,因此无人机使用的通信频率和功率都要受到严格的限制。

　　甚高频通信系统使用甚高频无线电波。它的有效作用范围较短,只在目视范围之内,作用距离随高度变化,在高度为 300 m 时距离为 74 km。甚高频通信系统由收发机组、控制盒和天线三部分组成,分别安装在飞机和地面站上。收发机组用频率合成器提供稳定的基准频率,然后与信号一起,通过天线发射出去。接收部分则从天线上收到信号,经过放大、检波、静噪后变成控制信号,输入双方的计算机串行口。飞机的天线一般为刀形,在机腹和机背上都有安装。地面天线一般采用高增益的定向天线。

　　对于小型的民用无人机,可以采用计算机无线上网技术,在无人机的机载计算机上安装无线网卡,地面站可以直接上互联网。

　　卫星通信系统使用的卫星系统为静止轨道卫星。还有一些移动卫星系统将来可能支持无人机机动通信业务,主要包括低轨道卫星、中轨道卫星、高椭圆轨道卫星等。目前只有大型无人机和有人机才能使用卫星通信,这是因为卫星距离远,需要大尺度高增益的定向天线,一般小无人机无处安装这种天线,这也正是一些大型无人机头部有一个大

图 3.11　全球鹰头部的卫星通信天线

包的原因,包里安装的是抛物面型的卫星天线。全球鹰头部的卫星通信天线如图 3.11 所示。

3.1.5　无人机飞行控制与执行设备

1. 舵机

　　舵机是自动驾驶的执行部件,用来将放大器(有自带放大器的)输出的控制信号转换成力矩或机械运动,以驱动舵面偏转。无人机自动飞行系统有多部舵机,分别操纵左、右平尾,方向舵,副翼,扰流板等,有的无人机上还有液压和气动舵机。一般来说,与其他舵机相比,电动舵机的加工制造和维修较为方便,可以与飞行控制系统采用同一能源,信号的传输和控制也较容易,并且线路的敷设比管路方便。

　　传统的舵机质量大、生产工艺复杂、控制复杂、导线连接复杂,不适合小型无人机系统。随着技术的发展,数字化技术逐步进入机械控制装置,数字化的舵机应运而生。数字舵机采用单片机作为舵机的控制器,机载计算机只要将舵机的控制按规定的通信协议将控制指令发送到舵机的单片机就可以了。数字舵机不仅可以对舵机进行控制,还会将舵机系统的状态返回到控制计算机,用于舵机工作的监视和自动在线故障测试。数字舵机自己也可以监视自己的工作状态,在舵机系统出现卡滞、电机短路等一系列危险状态时,单片机会控制放大器的输出电流,保障舵机系统和无人机的安全。

　　数字舵机与模拟舵机相比有两大优势,即速度和保持力。二者最大的不同

是数字舵机的微处理器在控制舵机的动作上要比模拟舵机最高快 5 倍。数字舵机的信号刷新频率通常是每秒 300 次,而模拟舵机每秒只有 50～60 次,因此数字舵机可以更有力地保持正确的位置。

2. 自动油门执行机构

自动油门用于稳定无人机的高度、航线飞行速度和进入着陆的下滑速度,并能在稳定无人机速度的同时,对无人机的飞行速度、加速度和其自身的工作情况进行检查,当飞行速度、加速度超过允许值或自身工作不正常时,可自动进行控制。自动油门执行机构是在控制信号的作用下,带动发动机油门杆产生位移,并同时向控制组合输送油门杆位移速度信号的机构。

与舵机原理完全相同,电动机在控制信号的作用下工作,其转速与控制信号成比例,通过传动装置带动输出摇臂转动。与其同轴的发电机同步转动,输出与转速成比例的信号电压,作为油门杆的位移速度信号,送往控制组合。

当无人机偏离给定速度时,由自动油门软件计算输出的控制信号,经接口、磁放大器组件进入电动机控制线圈,电动机开始转动。电动机转动后,通过传动机构带动输出摇臂移动,从而改变油门杆的位置,使油门杆电位器输出信号发生变化,模拟发动机供油量的变化,以改变模拟无人机的飞行速度,直到飞行速度回到给定速度。当自动油门软件计算输出信号为零时,电动机停止转动,油门杆也停止移动。

3.2　导 航 系 统

导航是把飞行器从一个地方(如出发点)引导到目的地的过程。导航系统的主要用途就是引导飞行器沿着预定航线飞到预定地点,并能随时给出飞行器准确的即时位置。在军事上,导航系统还要配合其他系统完成武器投放、侦察、巡逻、反潜、预警和救援等任务。

早期的飞机主要依靠目视导航。20 世纪 20 年代开始发展仪表导航,依靠磁罗盘、时钟、空速表和人工推算,确定飞机的即时位置。20 世纪 30 年代出现了利用中波无线电台导航的无线电罗盘。20 世纪 40 年代开始研制甚高频全向信标(Very High Frequency Ommi-directional Range,VOR)导航系统和仪表着陆系统(Instrument Landing System,ILS)。20 世纪 50 年代,惯性系统和多普勒雷达系统相继用于飞机导航。作用距离达 2 000 km 的"罗兰"C 无线导航系统于 20 世纪 60 年代初投入使用。为满足军事上的需要,随后又相继研制出作用距离达 10 000 km 的"奥米伽"导航系统(Omega Navigation System,ONS)和近程战术空中导航"塔康"(TACAN)系统。20 世纪 70 年代以后,卫星导航系统问世,其中最著名的有美国的全球定位系统(Global Positioning System,GPS)和苏联的全球导航卫星系统(Global Navigation Satellite System,GLONASS)。

按照工作原理的不同,目前实际应用的飞行器导航方法有以下几种:仪表导航、无线电导航、卫星导航、惯性导航、天文导航、图像匹配导航及组合导航。其中,仪表导航是利用飞行器上的简单仪表(如空速表、磁罗盘、航向陀螺仪和时钟等)所提供的数据,通过人工计算或自动计算得出各种导航参数。下面介绍除仪表导航外的其他导航方式。

3.2.1 无线电导航系统

无线电导航系统借助于无线电波的发射和接收,利用地面上设置的无线电导航台和飞机上的相应设备对飞机进行定位,测定飞机相对于导航台的方位、距离等参数,以确定飞行器的位置、速度、航迹等导航参数。

无线电导航很少受气候条件的限制,作用距离远、精度高、设备简单可靠,所以是飞机导航的主要技术手段之一。尤其在夜间或复杂气象条件下,要保证飞行器的安全着陆,无线电导航设备更是必不可少的导航工具。

无线电导航系统按所测定的导航参数可分为:测向系统,如无线电罗盘和VOR台;测距系统,如无线电高度表和测距设备(Distance Measuring Equipment,DME);测距差系统,即双曲线无线电导航系统,如"罗兰"C和ONS;测角距系统,如战术空中导航系统"TACAN"和VOR/DME系统;测速系统,如多普勒雷达。通常作用距离在400 km以内为近距导航系统,达到数千千米的为远程导航系统,10 000 km以上为超远程导航系统;卫星导航和ILS也属于无线电导航系统。

1. 测向无线电导航系统

许多天线在发射或接收无线电波时,在不同方向上发射的电波强度或感应电动势各不相同。基于这一原理构成了各种测向无线电导航系统,其中在飞行器上目前广泛应用的有自动方位搜寻器(Automatic Direction Finder,ADF)和VOR。

VOR是一种近程甚高频测向导航系统。它由地面导航台向飞行器提供以导航台所在点北向子午线为基准的飞行器方位信息,以便航路上的飞行器可以确定相对导航台的方位,或者在空中给飞行器提供一条"空中道路",以引导飞行器沿着预定航道飞行。

VOR地面台发射的甚高频信号(112～118 MHz)带有两个低频调制信号:一是基准相位信号,二是可变相位信号。基准相位天线的方向图呈圆形,可变相位天线的方向图呈"8"字形。基准相位天线和可变相位天线的方向图合成后得到心脏形方向图。不同类型的VOR台发射功率有所不同:机场终端台约为50 W,航路导航台约为200 W。

目前，VOR 是世界上应用最广的近程导航设备，其工作频段在 108 ~ 118 MHz，各个导航台可使用其中某些指定的频率。工作在这一频段的电波以空间波方式传播，其传播方向不受气候、季节等影响，但其作用距离受视线距离限制，因此与飞行器的飞行高度有关。通常，VOR 导航台的作用距离在 64 ~ 480 km，它取决于飞行器的飞行高度。

2. 测距无线电导航系统

无线电波以光速（约 3×10^8 m/s）直线传播，因此只要测量出飞行器发射的无线电波往返于地面导航台所需要的时间，就可以确定出飞行器到地面导航台的斜距。下面以 DME 和无线电高度表为例，介绍这类导航设备的工作原理。

DME 利用飞行器上询问脉冲与地面台应答脉冲的时间差来确定飞行器相对地面台之间斜距的机载近程无线电导航设备，工作在 962 ~ 1 213 MHz 频段。DME 广泛应用于民用和军用飞机，发射功率一般为 500 ~ 2 000 W，作用距离为 300 ~ 500 km。

如果把 VOR 台和 DME 应答器设置在同一机场，则飞行员或操控员可以根据机上设备的指示，以极坐标方式确定出飞行器相对于机场的位置。

如果使地面导航台在完成 DME 应答器任务的同时，使应答脉冲的幅度随时间做余弦调制，其相位在各方位上各不相同，则该系统就可以同时完成测距和测向，这种导航系统称为 TACAN 系统。TACAN 全称为战术空中导航，开发于 20 世纪 60 年代。其测距原理与 DME 相同，测向原理与 VOR 相似，但精度高于上述系统，作用距离达 400 ~ 500 km，工作频率为 962 ~ 1 213 MHz。

无线电高度表的原理是飞行器上的发射机向下发射无线电波，到达地面后会产生反射，反射的电波被飞行器上相应的接收机接收，测量出电波往返于飞行器与地面之间所需要的时间，就可以确定出飞行高度。其原理与普通雷达相同，因此又称雷达高度表。

与气压式高度表不同，无线电高度表能够直接给出飞行器与地面之间真实高度的精确数值，并且不需要知道当地地面的气压，因此在低空飞行和着陆阶段对保障飞行安全具有重要作用。

常用无线电高度表的工作原理可分为两类：一类采用与测距机类似的脉冲测时原理，飞行器上发射宽度很窄的脉冲经地面反射后被接收机接收，测量出从发射到接收之间的时间间隔，然后换算成高度 $h = 0.5c\tau$，称为脉冲式高度表；另一类称为调频式无线电高度表，它发射连续、等幅的无线电波，但其频率则随时间按某种规律变化，电波经地面反射后，由于时间上的延迟，因此接收到的信号的频率与发射的信号的频率是不同的，根据二者之间的频率差和频率随时间的变化规律即可确定电波的往返时间，从而可以确定出飞行高度，其精度可达 ±0.3 m 或 1%。

3. 测距差无线电导航系统

上述无线电导航系统都是近程导航系统,但是当飞行器做远距离飞行如越洋飞行时,人们不可能通过不断更换近距离导航台完成导航定位任务,这时就需要远程导航设备提供导航定位服务。

远程导航系统采用测距差方式工作。A、B 两地面导航台发射脉冲信号的时间间隔始终保持不变(脉冲时间同步),或者在发射电波的相位上保持一致(相位同步)。飞行器 C 上接收 A、B 两导航台的信号,比较两导航台信号到达的时间差或相位差就可以换算出飞行器到 A、B 的距离差,则飞行器必定位于以 A、B 为焦点的一条双曲线上(该双曲线称为位置线)。如果再测定飞行器到另外两个台的距离差(如 A、D),就可以通过两条双曲线的交点确定飞行器的所在位置。因此,测距差无线电导航系统又称双曲线导航系统。

双曲线导航系统的用户数量没有限制,机上设备简单、费用低,因此在中、远程导航中得到了广泛应用。

ONS 是远程测距差系统中得到广泛应用的一个例子。该系统工作在 10 ~ 14 kHz 的甚低频波段,各导航台发射的电波在时间和相位上保持同步,飞机上的"奥米伽"系统接收机通过测量相位差确定飞机的位置。由于系统工作在很低的频率,在此频率上地球可看成良导体,地波可传播到很远距离,因此通过在全球设置的 8 个导航台即可完成对全球范围内的导航。ONS 不仅用于飞行器的导航,还用于舰船和其他运载工具的导航定位,其定位精度一般在 1 ~ 2 nmile。它还是目前唯一可在水下 20 ~ 30 m 处为潜艇导航定位的技术手段。

4. 测速无线电导航系统

由声学知识可知,当发出声波的波动源与声波的接收者之间存在相对运动时,接收到的声波频率与发出的声波频率之间存在着差异,这一频率差称为多普勒(Doppler)频率,这一效应称为多普勒效应。多普勒频率与发射频率的比值取决于相对运动的速度和波的传播速度。例如,迎面开来的火车鸣笛时,听到的汽笛声调变尖,也就是频率变高;火车开走时,汽笛的声调变粗,也就是频率变低。这也是多普勒效应的例子。

多普勒效应不仅存在于声波中,也存在于其他波动包括无线电波中。利用这一效应,就制成被称为多普勒雷达(Doppler Radar)的测速无线电导航设备。

飞行器安装的多普勒雷达在 3 ~ 4 个方向的很窄范围内向下发射无线电波(称为三或四个波束),并接收地面反射回来的电波。接收机测量出不同方向的多普勒频率,通过计算机计算,可以给出飞行器相对于地面的运动速度——地速的数值,以及地速方向与飞行器纵轴线的夹角——偏流角。通过其他导航设备如磁罗盘或惯导系统提供的航向基准,经过对时间的积分就可以不断推算出飞行器经过的航迹。

多普勒导航为自备式导航系统,其特点是:不需要任何地面设备配合;适用于近程、中程、远程,甚至极区上空导航;无须网际协调;所测定的地速精确,可为火控系统和惯导系统提供速度基准;质量轻,体积小,维护容易,成本低;具有全天候导航能力;对运行姿态有一定的限制,剧烈机动飞行时,雷达天线可能收不到地面或海面回波;海上飞行时,由于镜面效应和海流影响,因此性能有所下降。

3.2.2　卫星导航系统

前述的远程无线电导航系统(如 ONS)由于导航台设置在地面,因此为保证其工作区域能覆盖全球,采用甚低频的地波传播。但相位的变化及测量受到种种因素影响,当波长很长时,定位精度不够高。人造卫星的出现使导航台可设置在远离地面的高空,采用甚高频的空间波即可覆盖很大的空间区域,因此从 20世纪 60 年代开始出现了以子午仪系统和 GPS 为代表的卫星导航系统。所谓卫星导航,就是借助机载无线电设备测出飞机相对卫星的位置参数,计算出飞机的相对位置。下面以广泛使用的 GPS 为例,介绍卫星导航系统的组成和导航定位的工作原理。

GPS 是新一代无线电卫星导航系统,从 20 世纪 70 年代开始研制,至 1993 年底正式投入使用。它具有全天候、全球覆盖、精度高和用户容量不受限制等特点,使军用及民用导航手段和设备简单、有效。美国联邦航空局(Federal Aviation Administration,FAA)计划以 GPS 作为单一的无线电导航系统,逐步淘汰已作为国际标准的近程导航系统 VOR/DME。美国国防部计划用 GPS 取代"罗兰"C 和TACAN。

GPS 主要分以下三个部分。

(1)空间部分在 6 个轨道平面上有 18 颗卫星,每个平面上有 3 颗卫星,距地面 20 198 nmile,轨道周期为 12 h。每颗卫星在 L1 和 L2 两个频率上连续广播。L1 含有两个编码信号,即 C/A 码和 P 码,P 码是保密码,C/A 码是公开码。L2 只含有两个编码信号中的一种。重叠信号用于确定时间、卫星位置和状态,以及用户位置的数据。

每相隔一个轨道平面有 1 颗备用卫星,共 3 颗,用于替换寿命将到期而失效的卫星。

(2)GPS 的控制部分由一些地面设施组成,用于卫星监测、跟踪、指挥和控制、向卫星存储信息、导航等。主控站称为综合空间作业中心(Consolidated Space Operations Center,CSOS),设在美国科罗拉多州,另有 5 个监视站和 3 个地面天线。

5 个监视站分设在 CSOC、大西洋南部的阿森松岛、夏威夷、太平洋西部的夸贾林礁岛及印度洋的迪戈加西亚岛,分别配有跟踪卫星的接收机、原子钟和计算机等,把接收到的信息组合成适合于本系统的形式转发给主控站,然后由主控站对 GPS 实施全面的指挥控制,并对信息进行处理。

3 个地面天线相隔距离很远,分别设在迪戈加西亚岛、阿森松岛和夸贾林礁岛,它们向卫星发送指令和数据,也接收卫星状态数据,然后转发给主控站。

(3)用户设备根据用户的需要分为低动态、中等动态和高动态接收机,可同时或按顺序接收并处理 4 颗卫星信号,完成 4 星精准定位,4 星定位示意图如图 3.12 所示。用户接收机中的处理器可把信号转换成时间、速度、位置三维信息,然后在读出器上显示。接收机被动式接收卫星信号,因此有利于隐蔽。

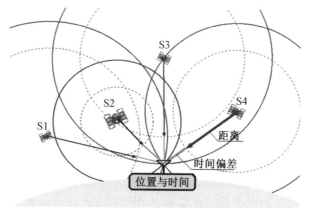

图 3.12　4 星定位示意图

军用接收机可接收 GPS 系统的各种编码信号并进行解码,定位精度在 16 m 之内。据称单通道接收机在地面测试时水平精度可达 4~5 m,垂直精度为 5 m;民用接收机只能解出短的 C/A 码,精度也可达到 25 m 左右。

美国的柯林斯公司是生产军用 GPS 接收机的主要厂商,它生产的一种导弹用 GPS 接收机精度垂直为 15 m,水平为 10 m,速度为 0.2 m/s。

3.2.3　惯性导航系统

惯性导航是通过测量飞行器的加速度来推算飞行器位置的自主式导航方法。如果测量出飞行器的加速度 a 并对时间进行一次积分,即可得到其速度,即

$$v = v_0 + \int_0^t a \mathrm{d}t \qquad (3.1)$$

式中,v_0 为初速度。

再进行二次积分,即可得到飞行器所飞过的路程,即

$$s = s_0 + \int_0^t v \mathrm{d}t \qquad (3.2)$$

式中,s_0 为相对于某参考点的起始路程。

上述是指飞行器沿某一方向运动的情况。实际上飞行器是在空间运动,需

要测出 3 个方向的加速度 a_x、a_y、a_z，此时飞行器沿 x、y、z 方向的速度分量分别为

$$v_x = v_{x0} + \int_0^t a_x \mathrm{d}t, \quad v_y = v_{y0} + \int_0^t a_y \mathrm{d}t, \quad v_z = v_{z0} + \int_0^t a_z \mathrm{d}t \qquad (3.3)$$

运动的相对位置分别为

$$s_x = s_{x0} + \int_0^t v_x \mathrm{d}t, \quad s_y = s_{y0} + \int_0^t v_y \mathrm{d}t, \quad s_z = s_{z0} + \int_0^t v_z \mathrm{d}t \qquad (3.4)$$

在应用上述公式说明惯性导航原理时不难看出，为获得飞行器飞行的时间 t 终了的速度和位移，先要测量出飞行器的加速度。

惯性导航系统通常由惯性测量装置、计算机和控制显示器组成，其组成示意图如图 3.13 所示。惯性测量装置包括加速度计和陀螺仪，二者可装在惯性平台上（平台式）或直接安装在飞行器上（捷联式）。计算机根据加速度信息计算飞行器的速度和位置。在平台式惯性导航系统中，可输出载体平台的 3 个角位置信息，计算机输出指令角速度信息，给陀螺仪施加进动电流，使平台跟踪选定的坐标系。在捷联式惯导系统中，计算机根据陀螺仪信息计算飞行器的姿态角。控制显示器用来显示各种导航参数，如到达各设定航路点的距离、到达时间，以及飞行器的地速、姿态和航向等，同时还可将上述有关数据输送到其他子系统（如火控系统和飞行控制系统等）。由于陀螺装置从启动到稳定需要几分钟的时间，因此在飞行器起飞前必须进行对准。正常情况下对准需 5 ~ 10 min，快速对准则需 2 ~ 3 min，但其精度低于前者。

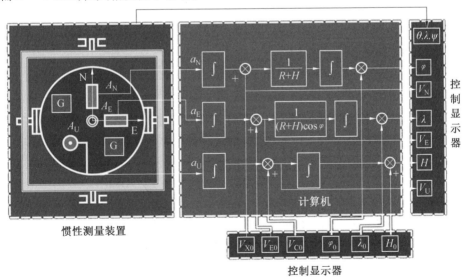

图 3.13　惯性导航系统组成示意图

惯性导航已成为现代导航工具，广泛用于各类飞机、远程导弹、卫星运载火箭、舰艇上。

组成惯性导航的设备都安装在飞行器上,工作时不依赖外界信息,也不向外辐射能量,是一种自主性导航技术。组成系统中的部件(主要是陀螺仪和加速度计)存在测量误差时,会使定位误差随时间而积累。正因为这个缘故,所以对惯性导航的研制水平、制造精度都提出很高的要求。近年来,激光技术发展迅速,并得到越来越广泛的应用。激光陀螺诞生后,因其无惯性和高可靠性而迅速进入惯导领域。20 世纪 80 年代以后,新型军用、民用飞机都已普遍采用激光惯导系统。激光惯导系统与 GPS 的结合以组合导航的方法来校正惯性导航系统误差,提高飞行器的定位精度,更是当代导航技术发展的方向。

3.2.4　天文导航系统

天文导航是通过观测天体来确定飞行器位置和航向的一种导航技术。航空和航天的天文导航都是在航海天文导航的基础上发展起来的。航空天文导航跟踪的天体主要是亮度较强的恒星,航天中则要用到亮度较弱的恒星或其他天体。

星球的高度和顶距示意图如图 3.14(a) 所示,某一恒星与地心的连线与地球表面交于 O' 点,此点称为星下点。地球上任一点的水平面与星光方向间的夹角称为星球高度角 θ。在 O' 处星光方向与水平面垂直,故星球高度角为 90°。当地球不动时,离星下交点一定距离的 O'' 点处星球高度角小于 90°,且距离越大,θ 角越小。地球上等星球高度角的点构成等高圈,如图 3.14(b) 所示,该圈上各点距星下交点的距离相同。当预先知道该瞬间地球上星下交点的位置后,只要用测量星球高度角的办法就可以确定飞机此时离星下交点的距离。但只测定一个恒星的高度角不能唯一地确定飞行器此时在地球上的坐标位置,按图 3.15 所示双星球确定飞机位的方法测定飞行器相对两个恒星的星球高度角和大致测定一个方位角,才能简单地定出该瞬间飞行器在地球上的位置。

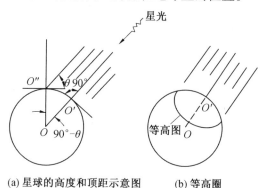

(a) 星球的高度和顶距示意图　　(b) 等高圈

图 3.14　等高圈示意图

图 3.15　双星球确定飞机位

恒星在宇宙空间是固定的,而地球是转动的,因此星下点在地球上的位置是随时间而改变的。在考虑了地球自转条件下,如何确定飞行器在空中的位置呢?这是天文导航所要解决的问题。目前有两种天文导航的方法:单星球导航法和双星球导航法。

1. 单星球导航法

单星球导航法只根据一个星球的坐标位置来实现导航,因此又称自动追踪星光导航法。当地球转动时,每一个星球的星下交点也就自东向西移动,形成一定的轨迹,可以很准确地测出这个轨迹,并定出每一时刻的位置。如果所选定的星球在飞行方向的前面,并且恰好通过目标,如在一定时刻飞机起飞,则这时天文望远镜对准天体而飞行器在天体垂直面中飞行。

由于星下点的移动,因此飞行器的飞行方向也在随之改变,这样就形成了曲线轨迹(图 3.16)。曲线是飞行器的飞行轨迹,它是这样形成的:第一时刻飞行器纵轴对准星球的星下点 O,则飞行器纵轴在 AO 平面内;第二时刻(飞行器移到 B 点)也要保持飞行器纵轴对准该星的第二时刻星下点的位置,故此时飞行器在 $B1$ 垂直平面内;依此类推,不难做出这样若干条线。这些直线的包络线就是飞行器速度,便可以计算出每一时刻飞行器的位置和到达目的地的时间。

由于这种飞行方案是选取星球在飞行器飞行方向的前面,即天文望远镜对着前方,因此称为前向跟踪;与此相反的则称为后向跟踪,即星球在起飞点之后,天文望远镜对着飞行方向的后面(图 3.17)。

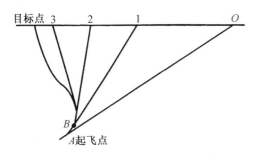

图 3.16　单星球导航法的前向跟踪轨迹

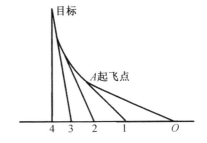

图 3.17　单星球导航法的后向跟踪轨迹

2. 双星球导航法

双星球导航法就是按图 3.16 所示的方法来确定飞行器位置的。由于每个星球的星历(即星下点随时间的变化规律)是预先测定的,因此只要知道了准确的时间,就可以利用星历表经过计算而定位。这种方法除跟踪天体外,还要随时测定重力方向,所以应该称为惯性天文导航才更为准确。单星球导航的基准误差大,定位精度低;而双星球导航的航向误差小,定位精度高。在选择星对时,两颗星球的方位角差越接近 90°,定位精度越高。

3.2.5 图像匹配导航系统

地球表面的平原、森林、江河、海湾、建筑物等构成地表面的起伏形状,这些信息一般不随时间和气候的变化而改变,也难以伪装。它们都可以预先通过侦察卫星、飞机等高空侦察手段获得,获得的地表特征可以以一定的数字化形式存储在飞行器的计算机中,称为原图。

图像匹配导航就是基于地表特征与地理位置之间的对应关系实现导航目的。飞行器上的测量装置(无线电或激光高度表、图像遥感装置)在飞越已数字化的预定空域时,飞行器上的测量装置再次对该地区进行测量,取得实际地表特征图像,称为实时图。将实时图与预先存储的原图进行比较(匹配),由此可以确定飞行器实际飞行地理位置及其与标准位置的偏差。

图像匹配导航可分为地形匹配导航和景像匹配导航。地形匹配导航以地形轮廓线(地形高度剖面)为匹配特征,通常用雷达(或激光)高度表作为测量装置,把沿飞行航迹测取的一条地形高度剖面线(实时图)与预先获得的若干个地形匹配区的原图进行比较(匹配),若不一致(失配),则表明飞行器的实际位置偏置了预定的飞行航迹。地形匹配导航是一维匹配,它适合于山丘地区。

以区域的地表为特征,采用图像成像装置录取沿飞行轨迹或目标附近地区的地貌,并与储存于飞行器上的基准原图比较(匹配),称为景像匹配导航。景像匹配属于二维匹配,可以确定飞行器的两个坐标偏差,这种匹配技术适合于平坦地区。

在实际应用中,地形匹配技术多与惯性导航系统组合,利用地形特征数据对主惯导系统的定位误差进行修正,以提高其定位精度。离开了惯导系统,单纯的地形数据无法独立地提供导航信息,仅起辅助的作用。把二者结合起来,就构成了惯性/地形匹配导航系统。

3.2.6 组合导航系统

随着航空技术的发展,人们对飞行器的导航精度要求越来越高。现有的惯性导航、无线电导航、天文导航和卫星导航等导航技术都各有自己的优点,但在使用上也都有弱点。

惯性导航是一种自主性强、隐蔽性好、短时间精度高的导航技术,可提供多达 35 个参数,成为飞行器上的一个中心信息源。但是定位误差会随时间而产生积累,这就使得导航精度随时间增加而降低。

利用无线电波引导飞行器并提供其导航参数的各类无线电导航方案,虽然定位误差不随时间而积累,但易受外界干扰和易被发现,需要飞行器外导航台支持。

天文导航也是一种自主式导航技术,但它受气象条件和昼夜因素影响,当有大片云层时甚至会影响正常工作。

卫星导航,尤其是采用差分技术后,定位精度高,可做到全球、全天候导航。但它需要一套复杂的定位设备,而且卫星导航系统目前还不能连续提供导航信息,两次定位之间的时间间隔较长。

当希望利用上述的单独导航系统提高飞行器的导航精度时,在技术上和经济上都要付出很大的代价,有时甚至难以做到。因此,出现了把两种或两种以上独立的导航技术通过一定方式组合起来的组合导航技术。它充分发挥各分系统的优点,互相取长补短,使得组合后的系统能提供高精度的导航信息。两种以上导航技术方案组合还增加了飞行器导航系统的可靠性。

组合导航结构目前多以惯性导航为主,辅之以其他导航手段,形成以下组合结构。

(1)惯性／多普勒导航系统。

(2)惯性／测向测距导航系统。

(3)惯性／"奥米伽"导航系统。

(4)惯性／天文导航系统。

(5)惯性／卫星导航系统。

(6)惯性／天文导航／多普勒导航系统。

(7)惯性／地形匹配导航系统。

下面以惯性／地形匹配导航系统为例,说明组合导航原理。惯性／地形匹配导航系统由以下主要硬件设备组成。

(1)惯性导航系统,提供全部的导航信息。

(2)用于测量飞行器相对地表面高度的无线电高度表。

(3)气压式高度表或大气数据计算机,被用来单独或与惯导系统结合在一起,提供飞行器的绝对高度(海拔高度)。

(4)导航计算机和大容量存储器,可用于导航计算机存储数字地图。

等高线地图能单值确定陆地表面上任何点的地理坐标。一维高程匹配依赖于等高线地图。下面说明其基本工作原理。

图 3.18 所示为海拔高度、相对高度和地形高程,给出了几种不同高度的定义。其中,海拔高度为 h,从海平面算起;相对高度为 h_r;地形高程为 h_t,地形高程又称地形高度。

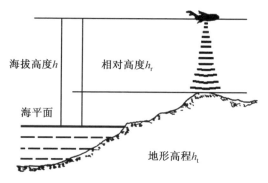

图 3.18　海拔高度、相对高度和地形高程

当飞行器飞越已数字化的地区时,由图 3.19 所示地形轮廓(地形起伏的外形)匹配辅助惯导系统框图可以看出,图中气压式高度表与惯导综合测得飞行器的绝对高度 h,无线电高度表测得飞行器离地面的相对高度 h_r,h 与 h_r 相减可得地形高程(度)h_t,即

$$h_t = h - h_r \tag{3.6}$$

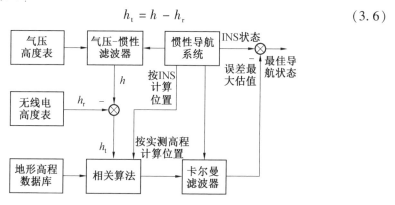

图 3.19　地形轮廓匹配辅助惯导系统框图

飞行器连续飞行一段时间后,则可实时地测得一个地形高程数据序列,如 $h_{t1}, h_{t2}, h_{t3}, h_{t4}$,可把它们组成一个地形高程轮廓向量 $\boldsymbol{H}_t = [h_{t1}, h_{t2}, h_{t3}, h_{t4}]$,称为地形轮廓高程实时图。将测得实时图与预先存储的数字地图按一定的算法进行数据处理(实际算法比较复杂),找出原图中与测量地形轮廓高程实时图最接近的区域,则这个区域就是飞行器估计的地理位置。地形／惯性组合系统就是利用这个估计值去修正惯性导航系统指示的误差。

一般来说,设实时图为 X_i,原图为 Y_i,在将它们进行对比时要用相似度来衡量。由于测量过程中会引入多种误差,因此在原图 Y_i 中几乎找不出一个区域能

与实时图 X_i 完全一致,从而只能用实时图 X_i 与原图 Y_i 中某个子区的相似程度大小来衡量,相似度最大的子区被认为与实时图 X_i 相匹配。数据处理算法最直观简单,可用 $\varphi_i = |X_i - Y_i|^2$ 描述,当 φ_i 最小时,就认为达到了匹配,原图中子区位置即飞行器当时的地理位置(具有要求的精度)。

第4章 任务载荷与数据链路

本章介绍任务载荷与数据链路。任务载荷是指安装在无人机上用于完成特定任务的设备或产品。无人机可携带的任务载荷决定了无人机的应用价值,本章主要介绍武器系统、侦察监视系统和侦察–打击一体化系统。无人机的数据链路是连接无人机飞行平台、地面控制站与地面指控人员的信息桥梁,是无人机安全飞行和完成任务的保证。本章将介绍无人机数据链路的基本知识、传输原理及发展趋势。

4.1 任务载荷

4.1.1 武器系统

1. 航空武器

航空武器系统是由军用航空器即载机(如无人机)的各种武器及其相关装置(包括硬、软件)构成的综合系统。整个航空武器系统的效能既取决于武器系统自身的完善程度,又取决于载机性能的高低。航空武器系统的发展与载机的发展密切相关、相辅相成,以期最大限度地发挥各类载机/武器系统的综合作战效能。

无人机的作战任务不同,其武器系统各有差异。就功能而言,每一类航空武器系统均由以下三部分组成:用于武器瞄准、控制和管理的航空火力控制系统;用于武器安装、悬挂、发射和投放的悬挂发射装置;用于直接杀伤、摧毁目标和完成特定攻击任务的各类型航空武器。航空武器系统组成示意图如图4.1所示。

(1)火力控制系统。

航空火力控制系统简称火控系统,旧称瞄准系统。现代火控系统一般由目标参数测量装置、载机参数测量装置、火控计算机、瞄准显示控制装置、悬挂物管理系统等组成,是集光学、电子、精密机械、激光、红外、电视和微型计算机等技术于一体的硬、软件综合系统。

航空火力控制系统工作原理是:由目标参数测量装置探测、跟踪目标,测量目标的几何运动参数,由火控计算机根据目标和载机的参数及武器的弹道参数不断解算出武器的瞄准信息,并将其输送给瞄准显示控制装置,从而使武器准确

(a) 挂载状态　　　　　　　　　(b) 发射状态

图 4.1　航空武器系统组成示意图

地处于瞄准目标状态,当目标进入武器的有效射程并达到预定的发射投放点时,由悬挂物管理系统自动向悬挂发射装置给出发射投放信号,使武器命中该目标。对于采用中段指令修正制导和半主动制导的导弹,发射后火控系统还要向其提供制导所需的信息。

(2)悬挂发射装置。

悬挂装置用于武器安装、运载、发射和投放,包括悬挂装置和发射装置。

①悬挂装置。悬挂装置用于悬挂各类航空武器及其他悬挂物,包括与武器连接的各种挂架和与挂架或飞机相连的各种挂梁。

②发射装置。发射装置用于机载导弹和火箭弹的安装发射,分为导弹发射架和火箭发射器。

(3)各类型航空武器。

现代航空武器种类繁多、用途各异,其分类方法多种多样。按装药不同,分为常规和非常规航空武器;按有无制导,分为制导和非制导武器;按飞行弹道,分为弹道式和巡航式武器;按杀伤效应,分为硬杀伤和软杀伤武器;按发展进程,分为传统武器和新概念武器。

通常按结构特点,无人机的航空武器分为以下几类。

①航空炸弹。航空炸弹是历次战争中弹药消耗量最大的武器,除少量核炸弹外,目前大量装备的常规炸弹,制导炸弹、低阻炸弹和减速炸弹也得到了广泛使用。精确制导炸弹如图 4.2 所示,图中展示了在"死神"无人机上装载的 227 kg GBU-38 激光制导炸弹和 GBU-49 制导炸弹,以及土耳其用于无人机作战的 MAM 小型灵巧弹药,其质量不超过22.7 kg。

②航空火箭弹。航空火箭弹作为机载非制导射击武器,其口径、射程、速度和威力均优于航空机炮,目前还没有在无人机上使用。

③空-空导弹。空-空导弹是机载武器中出现较晚但发展极快的一类武器,现已形成一类完整,能全天候、全方向、全高度作战,单目标或多目标攻击结合,近、中、远距配套的武器系列,成为现代战斗机对战略轰炸机、战斗轰炸机、巡航

(a) GBU-38 激光制导炸弹

(b) GBU-49 制导炸弹

(c) 土耳其 MAM 小型灵巧弹药

图 4.2　精确制导炸弹

导弹、低轨道卫星等实施拦截和与战斗机空中格斗的主要进攻武器,同时也是现代战斗轰炸机、强击机、武装直升机的主要防御武器。近距空-空导弹的质量较轻,尺寸较小,机动过载超过 50 g,最小/最大攻击距离为 0.3 km/20 km;中距空-空导弹的质量较重,尺寸较大,一般采用爆破战斗部,机动过载达到 40 g,最小/最大攻击距离为 0.5 km/100 km;超远距空-空导弹最大攻击距离达到 400 km。图 4.3 所示为 AIM-9X 空-空导弹,它是"死神"无人机机载武器中的一种。

图 4.3　AIM-9X 空-空导弹

　　④空-地导弹。空-地导弹是轰炸机、强击机、战斗机,以及武装直升机和反潜飞机的主要进攻武器。其主要结构与空-空导弹相同或类似。现阶段无人机主要执行对地攻击任务,美军捕食者系列无人机挂载的常规导弹主要包括"地狱之火"AGM-114K、"飞刀地狱火"AGM-114R9X 及"联合空地导弹"AGM-179A (JAGM)(图 4.4)。另外,美军也在研制小型制导导弹,图 4.5 所示的 Spike 小型

精确制导导弹的质量只有 2.4 kg,射程为 3.2 km。

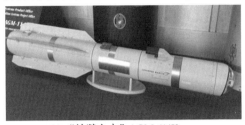

(a) "地狱之火" AGM-114K

(b) "飞刀地狱火" AGM-114R9X

(c) "联合空地导弹" AGM-179A(JAGM)

(d) 无人机挂载情况示意图

图 4.4　无人机挂载的 AGM 系列导弹

(a) 挂载状态

(b) 打击效果

图 4.5　Spike 小型精确制导导弹

⑤航空鱼雷。航空鱼雷是反潜飞机和直升机实施反潜作战的主要攻击武器。鱼雷主要用来攻击下潜深、潜航久、航速快、噪声小、双壳层的新型常规/核动力潜艇,是反潜武器的主力。

⑥航空水雷。在现代航空水雷系列中,既有保持传统水雷结构的单一式水雷,又有与其他水中兵器合为一体的复合式水雷。

无人攻击机用来攻击敌纵深地区的地面设施,需要有全天候和瞄准点极为精确的武器系统。武器管理系统能提供所需的武器控制和投放功能,在特定的情况下,不需要地面指挥介入,能自主地进行武器选择、瞄准和投放。无人战斗机的武器将以现有的和发展中的精确制导武器为主,以质量轻、杀伤力大的常规武器为辅。由于无人战斗机相对尺寸较小,携带的武器的数量较少、尺寸较小,因此为保证任务效率,这些机载武器的致命性就要提高,传统的机炮将不会出现在无人战斗机上。提高制导精度和改进战斗部是无人战斗机武器系统发展的关键,小口径智能炸弹和低成本自主攻击系统将是无人战斗机目前最理想的武器。高功率微波和激光等能束武器以其致命性和精准性著称,将是未来无人战斗机最有效的武器。

2. 反辐射攻击武器

反辐射武器是直接摧毁敌方雷达辐射源的一种进攻性武器。其主要作战对象包括敌方空中、海上和地面的预警雷达,目标指示雷达,地面控制截击雷达,地-空导弹制导雷达,高炮瞄准雷达,空中截击雷达,以及飞机、舰艇等相关的载体和操控员。在最近的几场高技术局部战争中,反辐射武器发挥了重要的作用。1986年的美利冲突中,美国使用了40枚"哈姆"反辐射导弹,摧毁了大部分利比亚防空雷达。海湾战争中,多国部队发射了"百舌鸟""标准""哈姆""阿拉姆"等各种反辐射导弹约1 500枚,致使伊军95%以上的雷达被摧毁,防空系统基本陷于瘫痪,从战争一开始,就造成伊拉克防空部队处于进退维谷的境地:雷达开机即意味着"自杀",就可能被跟踪、被摧毁;不开机又无法指挥、控制和引导各种防空武器对付多国部队的空袭。北约对南联盟的"盟军行动"中,北约的各种反辐射导弹再次使南联盟军队的防空雷达大部分失效,使北约飞机和导弹能够"安全""顺利""大胆"地实施突袭。

根据结构和攻击的形式不同,反辐射攻击武器可分为反辐射导弹、反辐射无人机和反辐射炸弹三大类。反辐射导弹又可分为空-空、空-地、空-舰、地-空、舰-空、舰-舰等类型。反辐射无人机是利用雷达反射截面积小的特点,在不易被雷达发现的无人机上安装无源探测导引头和引信战斗部,能在巡航中利用敌方雷达信号,跟踪直至摧毁敌方雷达的一种反辐射武器。反辐射炸弹与反辐射导弹不同,一般分为无动力型和有动力型两类。无动力型反辐射炸弹在投放时,载机须飞至敌方雷达阵地附近,有较大的危险性,攻击方须具有较大的制空权优势才能使用。有动力型反辐射炸弹与反辐射导弹类似,其特点是控制方式简单、战斗部威力大,但攻击命中精度较低。反辐射攻击的关键技术体现在目标无源侦察定位技术,宽频带、高灵敏度被动导引头技术,天线罩技术,抗干扰技术,推进技术,以及引信、战斗部配合技术等方面。

(1)反辐射导弹系统。

反辐射导弹系统由机载攻击引导装备和弹体组成。机载攻击引导装备实际上是一部雷达告警装备或雷达支援侦察装备(如美国F-4G反辐射导弹飞机上的APR-38雷达告警装备)。导弹载体除具有一般导弹都有的战斗部、火箭发动机和控制舵等部件外,还有一个被动式雷达导引头。其核心是无源探测导引头,用以接收敌方雷达辐射的信号,为其提供误差信息,不断修正飞行航线。其攻击目标多是事先选定的,在攻击过程中,若被攻击的雷达关机,则导弹仍可借助记忆装置继续飞往目标,因此其命中精度极高,称得上是雷达的"克星"。

①自卫攻击方式是反辐射导弹最基本的攻击方式。当机载雷达寻的告警装备截获到地面雷达信号之后,用测向和测频接收机测出雷达的特征参数和所在方向,把这些雷达参数送到处理器进行信号分选、识别,确定雷达类型和威胁程度,选出攻击重点,并把有关雷达的参数装到导弹导引头中,然后由驾驶员向导弹发出发射数字指令。导弹按预定的程序飞行,直至导引头截获到所要攻击的目标。这种攻击方式对导弹发射方向要求不高,即使目标雷达在引导头视野之外,也可发射导弹。

②预定程序攻击方式是一种进攻性攻击,用来对付位置已知的远距离固定目标雷达。导弹在发射前,根据要攻击的目标雷达的位置事先在导弹中预设飞行轨迹程序,然后向已知大致方位的目标雷达发射,并按预定程序寻找和攻击目标。导弹发射后,载机不再给导弹发出指令,导弹上的无源探测导引头有序地搜索、截获、识别雷达辐射源,并锁定威胁最大或预先确定的目标雷达实施攻击。若导弹发射后一直未收到雷达信号,则在一定时间后导弹就自行爆炸。即便如此,也可迫使敌方雷达保持静默,不敢开机。

③选择性攻击方式也是一种进攻性攻击,用于对付可能出现的或潜在的目标雷达。在载机飞行过程中,导弹上的无源探测导引头一直处于工作状态,利用导引头比机载雷达告警装备更高的灵敏度探测目标雷达,截获到雷达信号后,便将其所得到的雷达信号特征参数与导弹上威胁数据存储装置中的威胁数据进行比较,识别出雷达类型和威胁等级,一旦确定威胁雷达信号已被截获,导引头就通过音响或灯光等方式向飞行员告警。飞行员接到告警信号,就向威胁最大的目标雷达发射导弹。这种攻击方式发现目标雷达的机会往往要受到天线视场的限制。

(2)反辐射无人机。

反辐射无人机主要由无人机平台、高灵敏度无源操测导引头、飞行控制装置和引信战斗部等组成。

反辐射无人机是综合反辐射导弹和无人机的长处并加以改进而研制的新一代武器,其优点是续航时间长,有充分时间对敌方雷达进行侦察、分类,从中选择攻击目标,其导引头可自主搜索和精确定位。若敌方雷达关机规避,则可在空中盘旋搜索,待雷达开机后再行攻击。

反辐射无人机的工作原理是:当反辐射无人机发射到预定空域后,导引头就按预编程搜索航线巡航飞行搜索目标雷达,若导引头截获到雷达信号,则把雷达的特征参数与装入的已知雷达特征参数进行比较,从而确定需要攻击的目标雷达,目标锁定后,导引头输出"目标锁定"标志,反辐射无人机飞行控制装置根据导引头输出的方位、俯仰等数据控制无人机俯冲对目标雷达进行攻击,若敌方雷达关机,则控制装置根据导引头输出的"目标消失"标志,将无人机重新拉起进入巡航搜索状态或按外推航线的方法继续进行抗关机攻击。

目前正在研制或装备的反辐射无人机有几十种,典型的有美国的 AGM-136"默虹"、德国的"达尔"、南非的"云雀"、以色列的"哈比"和英国的"君主"等反辐射无人机。这些反辐射无人机的共同特点是:从地面或载机发射到一定空域后,机上导引头能在敌方雷达目标区附近上空巡航搜索目标,一旦捕获到雷达信号,便利用此雷达信号作为制导信息实施俯冲攻击,如果敌方雷达突然关机,它们会重新爬高巡航飞行搜索,以待机再次截获和攻击敌方雷达。由于反辐射无人机雷达截面积小,不易被雷达发现,因此能飞临目标区上空实施近距离杀伤。大量使用反辐射无人机既可摧毁敌方雷达阵地,又可进行空中骚扰,给敌方造成强大的心理压力。因此,反辐射无人机将成为未来对敌防空系统进行先期压制的重要手段。

(3)反辐射炸弹。

反辐射炸弹是由在炸弹弹体上安装的无源探测导引头和可控弹翼构成的。这种炸弹从飞机上投放攻击敌方目标雷达时,也需要利用飞机上的攻击引导装备,截获测量敌方目标雷达的特征参数和到达方向,识别雷达类型和威胁程度,然后把需要攻击的雷达参数装入导引头。与反辐射导弹类似,反辐射炸弹由飞行员根据威胁程度投放。其组成和工作原理大体上与反辐射导弹类似,主要区别是反辐射炸弹是沿自由落体以滑翔方式搜索、跟踪目标雷达进行攻击。其特点是控制简单、命中精度低,但具有较大的战斗部;杀伤半径较大,弥补了精度低的不足,因此是一种低成本的武器。典型的反辐射炸弹(如美国的 MK-82)具有较大的战斗部,其爆炸时弹片可飞到 300 m 以外进行杀伤。

3. 电磁脉冲武器

电磁脉冲(Electronic Impulse,EMP)武器利用强烈的电磁脉冲辐射破坏敌方的雷达、通信、计算机、动力等与电磁有关的装备,其作战对象主要是敌方的电子信息系统。电磁脉冲武器能够对较大范围内的敌方各种电子信息装备的内部关键部件同时实施压制性和摧毁性的硬杀伤。

(1)电磁脉冲的概念。

"电磁脉冲"一词源于生活和军事两个方面。

生活中的来源就是大自然的闪电,闪电是带有不同电荷的云层之间、云地之间的放电现象。发生闪电时,放电物体之间出现一条电流通道,有很强的电流在很短的时间里通过这条通道。由电磁原理可知,在这条通道附近会出现瞬变的电磁场,其时域波形表现为脉冲形式,因此可以称之为"闪电电磁脉冲"。

军事上的来源也有两个,具体如下。

①核电磁脉冲。当原子弹、氢弹爆炸时,其放射性射线能量会使空气电离,

产生康普顿电流,由此产生一个强大的瞬变电磁场,其峰值电场可以达到 50 kV/m 量级,在一定距离上,在一些电子设备中会感应出一个较强的浪涌电压和电流,这个浪涌信号在一些缺乏足够防护能力的电子器件上会造成工作紊乱、性能下降甚至毁伤现象。因此,对电磁脉冲的防护是整个核防护中的一个重要内容。在立足于打核战争的条件下,需要在各种设施、设备、器件上增加相应的防护能力,其代价就是增加系统的复杂性和成本,延长系统的交货周期。

②高功率微波技术。为使用非核技术手段产生类似于核电磁脉冲、闪电电磁脉冲那样的军事打击手段,人们采用了高压放电等技术进行研究。但是若用人工产生与核电磁脉冲和闪电电磁脉冲相等的波形,则需要极高的能量和很大的辐射孔径,因此在实验室条件下和实战条件下难以实现。目前能够通过高压放电方法产生一些幅度很高的窄脉冲(超宽带脉冲,峰值功率可以达兆瓦量级),但是因为其覆盖频率宽,而脉冲持续时间短,每个脉冲具有的能量太小,难以传播到远距离的目标上,所以这种脉冲信号形式难以对远距离目标的电子设备构成毁伤性威胁。而高功率微波技术可以利用相关的电子器件辐射出各个无线电波段(目前主要在 B、S、C、X 波段)上百兆瓦至百吉瓦量级的射频脉冲信号,能够在远方目标上产生一个瞬变的强大电磁场脉冲。因此,高功率微波射频脉冲也可以称为电磁脉冲的一种形式。而且,因为高功率微波的射频波形与常规的雷达信号波形在本质上是一样的,所以更适合于对敌方的电子设备进行军事打击。

(2)电磁脉冲武器的作战对象与分类。

电磁脉冲武器的作战对象主要是敌方的电子信息系统。它能够对较大范围的敌方各种电子信息设备内部关键组件实施压制性和摧毁性硬杀伤,是一种性能独特、威力强大的硬杀伤性信息武器,其中最主要的武器是电磁脉冲炸弹,又称微波炸弹。产生强大的电磁脉冲的方法有核爆炸和非核爆炸两种。电磁脉冲武器一般分为战术型电磁脉冲武器和战略型电磁脉冲武器。战术型电磁脉冲武器也产生与战略型电磁脉冲武器类似的作战效能,但它不是靠核爆炸来产生电磁脉冲效应,而是利用激光效应、带电粒子效应、脉冲放射性等原理。

(3)电磁脉冲炸弹。

电磁脉冲炸弹受到世界各国的青睐。美国从 1970 年就开始研制核电磁脉冲炸弹。自海湾战争以来,美国多次使用非核电磁脉冲炸弹,如"战斧"式巡航导弹。可采用的战斗部主要有六种:核弹头、子母弹战斗部、碳纤维战斗部、大功率微波战斗部、常规高能炸弹战斗部、反生物和化学毒剂战斗部。其中,大功率微波战斗部构成电磁脉冲炸弹。苏联自 1974 年以来积极开展电磁脉冲武器试验。俄罗斯研制的微波炸弹一次释放能量 100 mJ,对北约的雷达和 C4ISR 系统威胁极大。英国的微波炸弹能烧毁某一区域的电脑电路和电话线。

电磁脉冲炸弹主要包括电磁战斗部和引爆装置。前者包括电磁装置电磁转换器和电池组;后者主要包括雷达高度表、气压计引信或 GPS 惯性制导,使用导航系统,以保证确定区域、位置(高度)引爆,获得最大杀伤半径及效能。

(4)电磁脉冲武器的功效。

一枚千吨级的微型电磁脉冲核弹若在距地 40 km 平流层内引爆,会瞬间释放出大量电子(射线的光电效应和康普顿反弹作用),均匀分布在半径 100 km 的平流层内,在地表瞬间产生强大的电磁脉冲冲击波,衍生的电场强度为 10 kV/m,可对电子元器件造成无法修复的永久损坏。

EMP 冲击波涵盖范围内的无线电通信,超高频以下波段干扰时间长达 1 h,数字化、网络化、电脑化的信息系统因电磁脉冲攻击而将瞬间全面瘫痪。

①脉冲炸弹利用电磁效应进行电子战。电磁脉冲炸弹应用于电子战中,利用电磁脉冲炸弹爆炸释放的能量造成敌方防空系统及其他军事系统无法正常工作。与反辐射导弹相比,电磁脉冲炸弹攻击的目标较多,而且成本较低,作战中使用电磁脉冲炸弹可迅速夺取制电磁权。

②利用电磁脉冲炸弹进行空中打击。现代先进的飞机都配置有高密度的电子设备,对电磁脉冲炸弹而言,飞机是高度易损的目标。由于飞机上的电子设备成本较高,因此其备份器材很有限。如果电磁脉冲炸弹对飞机上的电子设备造成毁坏,就会使飞机在很长时间内无法作战。另外,利用电磁脉冲炸弹攻击敌方机场,会使其通信设备、空中控制设备、辅助导航及后勤保障设备等无法正常工作。

③利用电磁脉冲炸弹进行海上打击。

与飞机一样,海面舰艇也装备有大量的电子设备,以保证信息传输、目标侦测和作战指挥等任务的完成。若不采取有效的防护措施,则极易被电磁脉冲炸弹摧毁。打击海上舰艇的传统方法是使用反舰导弹或与反辐射导弹配合打击。而电磁脉冲炸弹可以在电磁脉冲效应半径内摧毁海上舰艇防空武器及其他电子设备,使其失去战斗力。

④利用电磁脉冲炸弹进行地面打击。现代地面作战机动性强,作战行动更多地依赖电子设备进行协同、指挥。而指挥通信枢纽集中了各种通信及电脑设备,这些设备均是电磁脉冲炸弹易摧毁的目标。其一旦被毁,将导致电子设备瘫痪、通信联络中断、作战指挥失灵。此外,制导及火控系统也容易遭到电磁脉冲炸弹的摧毁。

电磁脉冲炸弹还可用于攻击加固目标或地下目标。一位英国官员称:"要攻击隐藏在地下 100 m 深的目标,用炸药可能不行。要深入到地下,必须从地面开始。这就必须考虑电线、天线、管道及进出口等,利用这些金属结构将脉冲功率导入地下,以破坏隐藏在那里的敏感电子设备。"EPM 对电子元件破坏的最小板面感应尺寸见表 4.1。

表 4.1　EMP 对电子元件破坏的最小板面感应尺寸

电子元件	毁坏效应	感应能量/J	最小面板感应尺寸/mm
放大器	杂信干扰	4×10^{-2}	任何尺寸
积体电路	工作异常	4×10^{-1}	0.1
逻辑电路	工作异常	2×10^{-9}	0.2
微记忆体	记忆乱码	3×10^{-8}	0.1
积体电路	元件烧毁	8×10^{-6}	1
低功率电晶体	元件烧毁	10^{-5}	15
二极体	元件烧毁	10^{-5}	15
中功率电晶体	元件烧毁	10^{-4}	5
切换器	线路烧毁	3×10^{3}	250
高功率电晶体	元件烧毁	3×10^{-3}	250

目前高能电磁脉冲产生技术已相当成熟,实用电磁脉冲炸弹已经问世。大规模使用电磁脉冲炸弹将给信息系统造成严重瘫痪,因此它将在电子战和战略性空袭中起极重要的作用。

4. 高能激光武器

激光武器是一种利用激光束直接毁伤目标并使之失效的新概念武器,它具有能量集中、传输速度快、作用距离远、命中精度高、转移火力快、抗电磁干扰能力强、能多次重复使用和作战使用效费比高等优点。

根据激光器的功率,激光武器可分为低能激光武器和高能激光武器两类;根据攻击的目标和作战目的,激光武器可分为战略和战术两类;根据杀伤机理,激光武器可分为致盲(非致命性)和致伤(杀伤性)两类。致盲是利用激光能量使人头晕目眩(致眩)、使人失明或使光敏元件失灵(致盲),使人致眩和致盲的激光武器需要的激光能量低,故称为低能激光武器,这类武器是一种战术性的非致命性武器。美国为其 F-15E 战斗机新研制了一种激光器,它能使对方的光电系统致盲,使光敏元件失灵需要的能量要比使人致眩或致盲的能量至少高一个数量级。致伤是使用很高的激光能量烧毁目标,这类武器需要的激光能量更高,通常称为高能激光武器。

激光的波长越短,能量越高,对目标的破坏力就越大,但所需的激发能量也越大;反之,激光的波长越长,能量越低,对目标杀伤作用越小,但所需的激发能量也越小,且转换效率较高。激光波长取决于所选用的工作物质,其范围为从 $0.1~\mu m$ 的紫外光到 $1~000~\mu m$ 的远红外光。

激光武器对目标的杀伤效果取决于前述的激光波长、光束强度、照射时间的长短、目标的通频带及激光在大气中传播的远近。也就是说,当激光器发射的光束强度越强、传播的距离越远时,则照射在目标上的能量密度越小。因此,功率一定的激光武器对不同距离上的目标会产生不同的杀伤效果:在远距离时可致盲人眼,近距离时可以致盲光电设备或烧伤皮肤。

(1)基本组成及关键技术。

高能激光武器主要由高能激光器和光束定向器两大硬件组成。其中,光束定向器又由大口径发射系统和精密跟踪瞄准系统两部分构成。高能激光武器的研究涉及的关键技术有高能激光器、光束定向器、激光大气传输及其补偿、激光破坏机理等。

①高能激光器。高能激光器是激光武器的核心部件。研制具有足够大功率、光束质量好、大气传输性能佳、破坏靶材能力强、适于作战使用的高能激光器是实现高能激光武器的关键,也是各国长期探索研究的目标。目前具有应用发展前景的高能激光武器系统主要有氟化氘/氟化氢化学激光器、氧碘化学激光器、二氧化碳气动激光器、自由电子激光器、二极管固体激光器、激光二极管阵列等。其中,最有可能发展成为高能激光器并投入部署的是化学激光器。

②光束定向器。光束定向器是激光武器的两大硬件之一,是与激光器匹配的重要部件。其发射系统相当于雷达的天线,用于把激光束发射到远处,并汇聚到目标上,形成功率密度尽可能高的光斑,以便在尽可能短的时间内破坏目标。跟踪瞄准系统用于使发射望远镜始终跟踪瞄准飞行中的目标,并使光斑锁定在目标的某一固定部位,从而有效地摧毁或破坏目标。为此,必须采用主镜直径足够大的大口径发射望远镜,并可根据目标的不同距离对此镜进行平移,以起到调焦的作用。

③激光大气传输及其补偿。激光在大气中传输时,会受到大气分子和气溶胶的吸收和散射,其强度将衰减。由于大气湍流的影响,因此会导致目标上的光斑扩大。当激光功率足够大时,还会产生非线性的热晕现象。这些效应将会使目标上的激光功率密度下降,影响激光对目标的破坏效果。为补偿激光大气传输时受到的湍流等影响,可采用自适应光学技术,在发射系统中加入变形镜,变形镜受到从目标处信标发出的反向传输信号的实时控制,对发出的激光束预先引入相反的波前畸变,能够部分补偿大气传输造成的影响。

④激光破坏机理。激光辐照目标表面之后,可能产生一系列热学、力学等物理和化学过程,使目标的某些部件受到暂时或永久损伤。飞行目标遭到激光的损伤后,可能从空中坠落,也可能因丧失精确制导能力而使飞行目标脱靶。

(2)基本特点。

激光对目标的破坏作用大致分为软破坏和硬破坏两种。软破坏用激光破坏导弹和制导炸弹等精确制导武器的导引头等易损部件,或摧毁卫星上的光学元件和光电传感器;硬破坏用激光破坏敌空中目标的金属等构件,或摧毁卫星上的太阳能电池板等硬件。

由于激光是利用激光束直接毁伤目标或使之失效,因此其与火炮、导弹等相比,具有许多优异的技术特性:反应迅速,以光束传输,打击目标时无须计算射击提前量,瞬发即中;可在电子战环境中工作,激光传输不受外界电磁波的干扰,目标难以利用电磁干扰手段避开激光武器的射击;转移火力快,激光束发射时无后座力,可连续射击,能在很短时间内转移射击方向,是拦截多目标的理想武器;作战使用效费比高,化学激光武器仅消耗燃料,每发费用为数千美元,远低于防空导弹的单发费用(爱国者为 30 万~50 万美元/枚,毒刺为 2 万美元/枚)。

(3)分类及作战性能。

激光武器从作战性能上主要分为低能激光武器和高能激光武器两大类。低能激光武器即激光干扰与致盲武器,是重要的光电对抗装备,它仅需采用中、小功率器件,技术较简单,现已开始装备部队。这种武器能干扰、致盲,甚至破坏导引头、跟踪器、目标指示器、测距仪、观瞄设备等,并可损伤人眼,在战场上能起到扰乱、封锁、阻遏或压制作用。目前,各国均在积极发展此类激光器,用于保护高价值飞机。高能激光武器正在研制和发展,主要有战略防御激光武器、战区防御激光武器和战术防空激光武器。天基战略防御激光武器的作战目标为助推段的战略导弹、军用卫星平台和高级传感器等,它可用于遏制由携带核、生、化弹头的弹道导弹造成的可能不断增长的威胁。地基反卫星激光武器用于反低地球轨道卫星,能干扰、致盲和摧毁低地球轨道上的敌方军用卫星。战区防御机载激光武器主要用于从远距离(远达 600 km)对战区弹道导弹进行助推段拦截,从而使携带核、生、化弹头的弹头碎片落在敌方区域,迫使攻击者放弃自己的行动,起到有效的遏制作用。战术防空激光武器可通过毁伤壳体、制导系统、燃料箱、天线、整流罩等方式拦截大量入侵的精确制导武器。将激光武器综合到现有的弹炮系统中可弥补弹炮系统的不足,发挥其独特的作用,这种弹、炮、激光三结合的综合防空体系可用于保卫指挥中心、重要舰船、机场、重要目标、重要区域等小型面目标和点目标。

可以预见,激光武器的广泛应用将会使未来战争发生深刻的变化,彻底改变目前的战场环境和作战方式,对参战双方造成极大的心理威慑,并有可能最终引发新一轮更加激烈的全球性军备竞赛。

5. 高能粒子束武器

高功率微波和激光是目前军方可能获得的主要定向能武器,但还有一种称为粒子束武器的定向能武器。粒子束具有质量,能在空间移动,可以与闪电相比。它比激光束或高功率微波束慢,但能引起更大的物理破坏。

高能粒子束武器是一种极具潜力的定向能武器。它以接近光速的速度向目标发射一束极强的高能粒子束,撞击目标后,电子束穿过目标蒙皮,将其能量沉积在目标的内部,造成目标的严重损坏,它对电子和机械部件的损坏是致命性的。这种武器能生成瞬间的高能量,烧毁敌方的电子器件,破坏其计算机存储器。

4.1.2 侦察监视系统

无人机上采用的侦察监视系统通常又称传感器,有被动式和主动式之分。被动式传感器必须依靠目标反射或辐射的能量,如可见光、红外传感器接收目标反射或辐射的能量;主动式传感器发射能量到被观察的物体并且检测从目标反射回来的能量,雷达就是主动式传感器的一个很好的例子。

目前,典型的光电侦察载荷设备主要包括 MS-177 光电系统、综合传感器套件(ISS 光电系统)、dB-110/MS-110 光电系统和 SkEye 光电系统等。

(1)MS-177 光电系统。

MS-177 光电系统是美国联合技术航空航天系统公司(United Technologies Aerospace System,UTAS)研制的一型光电侦察系统,其光学系统焦距为 177 in(1 in=25.4 mm),质量为 227 kg,基本型能够同时在 7 个波段进行成像,发展型能够同时对 10 个波段进行成像。MS-177 光电系统的稳定平台运行范围俯仰为 ±25°,滚转为 ±90°,能够在恶劣天气条件下对地面大范围区域进行高性能远距、多波段昼夜成像。该系统可以集成到各种无人机飞行平台上,目前已经在"捕食者 C"无人机上完成试飞。美海军计划在 2022 年 10 月完成 MS-177A 远程多光谱成像系统海上试飞任务,MS-177A 系统在 MS-177 系列传感器的基础上进一步扩展了光谱性能,增强了数据识别与情报收集能力,具有高地理定位精度、广域覆盖、通过 6 个独特的光谱通道收集情报、移动目标指示和对场景持续成像等特点。

(2)综合传感器套件(ISS 光电系统)。

综合传感器套件由美国雷神公司研制,主要利用红外/可见光传感器对地面进行远距离、高分辨率、倾斜侦察成像,可对飞机航迹两侧固定区域成像,也可利用飞机的飞行运动将扫描向前递推,从而获得航迹下方广阔地域内的连续图像。ISS 光电系统由可见光传感器和中波红外热像仪组成,光学系统的焦距为 1 750 mm,物镜直径为 280 mm,稳定平台运动范围俯仰为 ±15°,滚转为 ±80°,稳定精度为 3 μrad,系统质量为 136 kg。ISS 系统在一次任务飞行中可提供 13.8 万 km^2 的范围内电视/红外图像,主要装备美国"全球鹰"无人机(图 4.6)。

(3)dB-110/MS-110 光电系统。

dB-110/MS-110 光电系统与 MS-177 光电系统同为一家研制单位。该系统工作波段包括可见光和中波红外两个波段,MS-110 光电系统是 dB-110 光电系

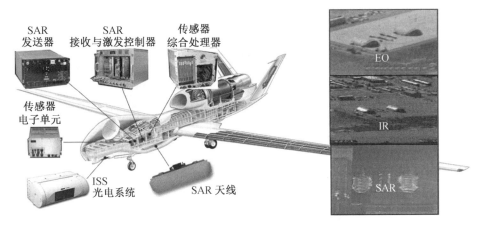

图 4.6　"全球鹰"无人机 ISS 光电系统位置示意图
EO—光电;IR—红外;SAR—合成孔径雷达

统的多光谱型号,能够同时对 7 个光谱波段成像。dB-110 光电系统的光学最长焦距为 110 in。dB-110/MS-110 光电系统已经在美国民警卫队的"捕食者"无人机上完成了试飞。

(4)SkEye 光电系统。

SkEye 光电系统由以色列埃尔比特系统公司研制,主要由光电传感器单元、图像处理单元、大容量存储单元和分析软件组成,可用于军事侦察、火灾防控、边界管控和自然灾害调查等方面。与传统的光电载荷不同,该系统通过集成多个可见光摄像机,能够提供 10 亿像素的图像,通过近实时地放大和缩小多个观察点的图像,为操控员和分析员提供对跟踪事件及时回溯的能力。SkEye 光电系统主要用于进行广域持久监视任务,能够一次性覆盖约 80 km² 的范围,目前已经在"赫尔墨斯 900"无人机及各种轻型飞机上进行了试飞。

下面介绍光电侦察/瞄准类任务载荷系列装备,主要用来实现"侦察打击一体化"功能

(1)Model 14"天球"光电系统。

Model 14"天球"光电系统由 L3Sonoma 光电公司研制,该系最多能够配装 5 种传感器,包括中波红外热像仪、彩色可见光摄像机、长焦可见光摄像机、人眼安全激光测距机和激光照明器等。其中,中波红外热像仪最长焦距为 560 mm,最窄视场为 0.8°×0.8°;彩色可见光摄像机最长焦距为 224 mm,最窄视场为 1.1°×0.8°;长焦可见光摄像机的最长焦距为 955 mm,最窄视场为 0.38°×0.29°;人眼安全激光测距机工作波段为 1.54 μm,最大测距距离为 15 km;激光照明器光束功率为 800 mW,典型作用距离为 10 km。Model 14"天球"光电系统光电转塔直径为 360 mm,高度为 420 mm,质量为 34 kg,稳定精度优于 35 μrad。该系统

装备于 RQ-1A"捕食者"无人机(图4.7),并在科索沃战争和阿富汗战争中大量应用,为北约空中指挥提供了大量的实时情报。

(a) 光电系统   (b) RQ-1A 无人机

图 4.7　RQ-1A 无人机装备的 Model 14"天球"光电系统图

(2)MTS 系列光电系统。

MTS 系列光电系统由美国雷神公司研制,是一种由可见光、红外光和激光组合的目标探测定位跟踪系统,主要用于远程侦察、高空目标截获与跟踪、激光测距和激光指示等。目前主要装备无人机 MTS 系列光电系统的包括 MTS-A 系统和 MTS-B 系统等。MTS-A 系统的光电传感器包括中波红外热像仪、彩色可见光摄像机、激光测距/照射器及激光照明器等多种载荷。其中,中波红外热像仪最小视场为 $0.8°×0.6°$,大视场为 $45°×34°$;彩色可见光摄像机最小视场为 $0.27°×0.21°$,大视场为 $45°×34°$;光电转塔直径为 445 mm,高度为 475 mm,质量小于 56.7 kg。MTS-B 系统的光电传感器包括中波红外热像仪、彩色可见光摄像机、激光测距/照射器及激光照明器等多种载荷。其中,中波红外热像仪最小视场为 $0.31°×0.23°$,大视场为 $45°×34°$;彩色可见光摄像机最小视场为 $0.11°×0.08°$,大视场为 $45°×34°$;光电转塔直径为 559 mm,高度为 660 mm,质量为 103.5 kg。MTS-B 系统比 MTS-A 系统更重、传感器探测距离更远。雷神公司最新开发的 MTS 系列产品 DAS-4 系统增加了长波红外和短波红外传感器,能够在恶劣环境下具备更好的探测目标的能力。目前,MTS-A 系统主要装备 MQ-1"捕食者"无人机(图4.8);MTS-B 系统主要装备 MQ-9"捕食者"无人机(图4.9)。

(3)POP 系列光电系统。

POP 系列光电系统由以色列 IAI 公司研制,是一种模块化、陀螺稳定的光电侦察系统,可用于昼夜间对目标的侦察、监视、识别和定位。POP 系列产品包括 POP200、POP300、POP300LR 和 POP300D 等,主要由稳定化平台和可替换的插入式传感器组成,标准传感器部件有中波红外热像仪、彩色可见光摄像机、自动视频跟踪器、激光指示器和激光测距机等多种载荷。POP200 的中波红外热像仪小视场为 $2.3°×1.7°$,大视场为 $29°×22°$;彩色可见光摄像机小视场为 $1°$,大视场为 $22.5°$;激光测距机最大距离为 8 km,测距精度为 5 m;光电转塔直径为 260 mm,

(a) 光电系统

(b) MQ-1 无人机

图 4.8　MQ-1 无人机装备的 MTS-A

(a) 光电系统

(b) MQ-9 无人机

图 4.9　MQ-9 无人机装备的 MTS-B

高度为 380 mm,质量为 16.3 kg。POP300 与 POP200 在传感器配置、系统质量等方面基本相同,主要区别在于 POP300 的红外小视场减少到 1.15°×0.86°,进一步提高了系统的探测距离。POP300LR 主要对红外和可见光传感器的市场进行了优化,提升了对目标的作用距离,中波红外热像仪最小视场减小到 0.8°;彩色可见光摄像机小视场减小到 0.4°;激光测距机最大距离为 20 km;光电转塔直径为 260 mm,高度为 400 mm,质量为 19 kg。POP300D 通过加装激光照射器,增加了引导激光制导武器的能力,同时优化了传感器视场,彩色可见光摄像机小视场减小到 0.8°;光电转塔直径为 264 mm,高度为 430 mm,质量为 20 kg。POP 系列光电系统主要装备在"影子"系列无人机上(图 4.10)。

(a) 光电系统

(b) 无人机

图 4.10　"影子"系列无人机装备的 POP200

（4）MX 系列光电系统。

MX 系列光电系统由加拿大 L3 WESCAM 公司生产，是一种先进的多光谱成像系统，根据系统体积和配置的差异，能够满足昼夜间对目标侦察、识别和定位等能力的需求。MX 系列光电系统产品包括 MX-8、MX-10/10D、MX-15/15D、MX-20/20D、MX-25/25D 等，能够装备多种型号的无人机及其他飞行器。本节主要介绍 MX-25 系统光电传感器。

MX-25 系统光电传感器主要包括中波红外热像仪、彩色可见光摄像机、低照度摄像机、可见光侦察摄像机、低照度侦察摄像机、激光测距机和激光照明器等多种载荷，主要用于对地面侦察成像和定位。中波红外热像仪小视场为 0.24°，大视场为 18.2°；彩色可见光摄像机小视场为 1.6°，大视场为 27.6°；低照度摄像机小视场为 2.38°，大视场为 40.8°；可见光侦察摄像机小视场为 0.13°；低照度侦察摄像机小视场为 0.13°；激光测距机最大距离为 30 km，测距精度为 5 m。MX-25D 系统光电传感器在 MX-25D 系统的基础上增加了激光照射器和激光光斑跟踪器等，在对地面侦察的同时能够引导激光制导武器攻击目标，激光测距机最大距离为 20 km，测距精度为 2 m，其余性能与 MX-25 系统相同。MX-25D 系统光电转塔直径为 652.8 mm，高度为 767.1 mm，质量为 118 kg。MX-25D 系统主要装备 MQ-1C"灰鹰"无人机（图 4.11）。

(a) 光电系统　　　　　　　　　　　(b) 无人机

图 4.11　"灰鹰"无人机装备的 MX-25D

（5）Star Safire 380 系列光电系统。

Star Safire 380 系列光电系统由美国 FLIR 公司生产，是一种全数字高清光电系统，主要用于情报侦察、搜索救援和边界巡逻等领域，其产品主要包括 Star Safire 380-HD 系统、Star Safire 380-HLD 系统、Star Safire 380-HD$_C$ 系统和 Star Safire 380-HLD$_C$ 系统等，能够装备多种型号无人机和其他飞行器。

Star Safire 380-HD 系统光电传感器主要包括中波红外热像仪、彩色可见光摄像机、彩色低照度摄像机、短波红外摄像机、激光测距机、激光照明器和激光指示器等多种载荷，主要用于对地面侦察成像和定位。中波红外热像仪小视场为 0.25°，大视场为 30°；彩色可见光摄像机小视场为 0.25°，大视场为 29°；彩色低照度摄像机小视场为 1.5°，大视场为 55°；短波红外摄像机小视场为 0.25°，大视场为 28°;激光测距机最大距离为 25 km;光电转塔直径为 380 mm,高度为 475 mm,质量为 45 kg。Star Safire 380-HLD 系统在 Star Safire 380-HD 系统的基础上增加了激光照射器,在对地面侦察成像的同时能够引导激光制导武器攻击目标,光电转塔质量增加到 48 kg,俯仰范围为 -120° ~ +30°,方位范围为 360°,这时工作温度为 -40 ~ 55 ℃,镜头可以实现 120 倍光学变焦。Star Safire 380-HLD 系统及其侦察效果如图 4.12 所示。

(a) 光电系统　　　　　　　　　(b) 侦察效果

图 4.12　Star Safire 380-HLD 系统及其侦察效果

Star Safire 380-HD$_C$ 系统光电传感器主要包括中波红外热像仪、彩色可见光摄像机、彩色低照度摄像机、短波红外摄像机、激光测距机、激光照明器和激光指示器等多种载荷,主要用于对地面侦察成像和定位。中波红外热像仪小视场为 1°,大视场为 40°;彩色可见光摄像机小视场为 0.2°,大视场为 25°;彩色低照度摄像机小视场为 1.2°,大视场为 40°;短波红外摄像机小视场为 0.25°,大视场为 33°;激光测距机最大距离为 30 km;光电转塔直径为 380 mm,高度为 353 mm,质量为 38 kg。Star Safire 380-HLD$_C$ 系统在 Star Safire 380-HD$_C$ 系统基础上增加了激光照射器,激光测距最大距离为 25 km,激光照射器脉冲能量为 100 mJ,光电转塔质量减小到 32 kg。

(6) EOTS 光电系统。

EOTS 光电系统由洛克希德-马丁公司研制,是目前世界第一个将前视红外与红外搜索功能综合起来的光电系统,主要光电传感器包括中波红外热像仪、激光测距机和激光照射器等多种载荷,具有可见光高分辨率成像,能够对防区外目标进行精确探测、识别、定位和瞄准,引导激光制导武器对目标实施攻击。EOTS 光电系统结构紧凑,宽度为 493 mm,长度为 698 mm,高度为 815 mm,质量为 90.8 kg,主要装备美空军 F-35 战斗机(图 4.13),未来也可能装备于"捕食者 C"无人机平台上,以便有效降低被地方雷达探测到的概率,确保大范围监视、侦察和打击任务的完成。

以上所有采用的侦察设备都是用来搜索、探测目标和引导打击的,主要包括测距仪、瞄准仪、可见光成像侦察相机、红外行扫仪和微波成像雷达。用于描述侦察监视系统的三个主要术语如下。

(a) 光电系统   (b) 侦察效果

图4.13　EOTS光电系统及其侦察效果

①搜索范围。在一定的高度上,应尽可能多地收容感兴趣的目标。

②分辨率。能准确分辨目标的性质、数量、方位等,如卡车,坦克、小船或人。

③定位。能对重要目标进行准确定位。

对于所有的传感器来说,探测、识别和认清目标的能力与目标个体的特征、传感器的灵敏度和分辨率及环境条件有关。

被动式和主动式两种传感器都受到大气吸收和散射效应的影响,下面详细讨论三种最重要的侦察传感器:光学成像传感器、合成孔径雷达和激光雷达。

1. 光学成像传感器

光学成像传感器通常包括可见光和红外线成像传感器两种。

可见光成像传感器包括电视摄像机、CCD 航空侦察相机和胶片型航空侦察相机,在可见光谱范围内获得彩色或黑白图像。

红外线成像传感器包括红外瞄准仪、红外摄像机、红外侦察相机和红外行扫仪,工作在近红外、中红外和远红外区。如果传感器工作在中红外或远红外区,则输出的图像代表了场景中物体温度和辐射的变化。热的物体显得明亮(或根据操控员的选择,显得暗淡),呈现给操控员的场景仍是特征不明显的图像,对于热场景图像细节的解释需要熟悉过程并进行一定的训练,这是因为建立在长期经验(来自对可见光范围的事物面貌的观察)之上的某些直观印象是有欺骗性的。在热场景中会出现不同的有趣现象,如一辆停着的汽车开走后,原来车身后的"阴影"仍然保留在原地(因为停车时被遮住的地面会因照射不到阳光而变得更冷)。

图像传感器需要去探测、识别和认清目标。顺利地完成这些任务依赖于系统的分辨率、目标的对比度、大气和显示器性能等诸要素间的相互关系。图像传输方式(数据链路)也是一个重要的因素。

系统的分辨率最好定义为穿过目标尺度的扫描线。当讨论分辨率时,使用目标的最小尺度似乎是合理的。但是,大多数成像传感器在水平方向具有比垂直方向更高的分辨率,而且经验表明:如果目标比例没有被过度地拉长,将传感器的垂直分辨率与目标的垂直尺寸做比较总可以得到合理的结果。这个惯例用于最常用的图像传感器性能模型上。

传感器的分辨率规定为穿过目标的可分辨的线或周。一条线相当于竖直方向上最小的分辨单位,而一周相当于两条线,线和周可以用由黑白相间的水平条组成的分辨率图来表示。如果电视显示线能很好地对齐这些水平条,则从原理来说,电视在每个黑白条精确占据一条显示线时,就能分辨这些线条(应该说明的是图像按电视线采样的离散特性会引起分辨率的下降,然而这种影响相对较小,通常在传感器分析中不加以考虑)。

在中红外和远红外区,大气的衰减机制包括散射和吸收,其中大气吸收主要由水分引起,水以蒸汽、雨或雾的形式出现,这三种形式的衰减机制是不一样的。蒸汽主要吸收红外能量,雨主要散射能量,雾既能吸收能量也能散射能量。薄雾像对待可见光和近红外光一样,也散射红外和远红外能量。但是薄雾对较长的波长影响较小,这是因为当波长超过散射物的特征尺寸时,散射效率会随着波长的增加而迅速降低。

$$R = \frac{h \times 空间频率}{n} \quad (4.1)$$

式中,R 是到目标的距离;h 是目标的高度;空间频率表示成每弧度的解像线数(假定 R 和 h 具有同样的单位,如 m 或 km 等);n 是按期望的成功概率完成任务所需的解像线的数目。例如,某一感兴趣的目标具有 4 m 的高度(将垂线投影到视线),即 $h = 4$ m,需要 0.5 的探测概率,那么需要两条线穿过目标高度($n = 2$)。能得出目标距离与线数或周数的关系,见表 4.2,把每毫弧度的线数或周数(最小可分辨对比度(Minimum Resolvable Contrast,MRC)和最小可分辨温差(Minimum Resolvable Temperature Difference,MRTD)横轴的可能单位)直接映射成到目标的距离。

利用表 4.2 可为以目标距离为参数的 MRC 和 MRT 建立新的横轴。需要注意,这个轴仅适用于特定的 h 和 n。

表 4.2 目标距离与线数或周数的关系

R/m	线 /rad	线 /mrad	周 /mrad
500	250	0.250	0.125
1 000	500	0.500	0.250
1 500	750	0.750	0.375
2 000	1 000	1.000	0.500
2 500	1 250	1.250	0.625

另外还有一点需要说明，虽然传感器的分辨率与地面站有关，但与有效载荷无关。如果显示屏太小，那么操控员的眼睛就不能充分利用传感器的分辨率。这个影响应该包括在 MRC 和 MRT 的曲线中，但是，用于传感器的曲线图通常没有考虑系统中所使用的实际显示器。研究表明，为获得高的探测概率，杂乱背景中的目标必须对应于观察者眼中至少 $12'$（即 $\frac{1}{5}°$）。如果要在 500 线显示器中找到有两线穿过其高度的目标，那么该目标就得占据显示器垂直高度的 1/250，即 0.004。假如操控员的眼睛距显示屏的距离为 24 in，那么在 24 in 远的地方，显示器高度（不是按对角线测量）需要对着 $50°$ 的角（250 倍的 $\frac{1}{5}°$）。这要求显示屏的高度约为 22 in，也就要求显示屏实际对角线的长度为 37 in。事实上，包含传感器、数据链路和显示器的大多数传感器成像系统达不到 500 线。对于 350 线，对角线为 25 in 的显示屏已足够大了，然而许多战术显示器只有 12 in 甚至低于 12 in，操控员总是将头贴近屏幕。如果需要，这种情况应该在操作站的设计中加以考虑。如果在 20 in 距离以内长时间工作，则眼睛会感到疲劳。

无人机最常见的任务之一是侦察和大范围监视。这样的任务要求无人机及其所地面上的操控员搜索地面上的大范围区域，寻找某类目标和活动。例如，要搜索一个峡谷以寻找敌人前进的踪迹，有三种类型的搜索：点搜索、区域搜索和路径搜索。

（1）点搜索。

点搜索要求无人机在所知道的可能目标地点附近相对较小的区域内进行搜索。例如，一个电子侦察测向系统已测量出可疑指挥所的方格坐标位置，但是远距离无线电测向定位的结果误差很大，所以如果没有大量的弹药消耗去覆盖大面积的区域，则不能有效地利用炮火对目标进行打击。无人机的任务就是对以指挥所可能所在的方格坐标为中心的区域进行搜索，该区域按定位误差延伸出去，或许在每个方向上可达到几百米。

（2）区域搜索。

区域搜索要求无人机搜索指定的区域，寻找某些类型的目标和活动。例如，可能有一个可疑的炮兵分队位于给定的交叉路口以东几平方千米区域内的某个地方，无人机的任务就是去搜索这个指定的区域，确定目标是否存在并给出准确位置。

（3）路径搜索。

路径搜索有两种形式：第一种路径搜索是在最简单的情况下，确定在指定长度的道路或小径上是否存在感兴趣的目标，或确定在某段道路上是否有障碍物，一个更困难的任务就是去确定在某些地方是否存在敌军妨碍我军使用道路的情况;第二种路径搜索实际上更像一种以路为中心线并延伸到路两边至少几百米范围的区域搜索,这些区域包括可能遮盖道路的树林、山脊和火区。

重要的是要理解无人机和其成像设备的基本性能如何影响无人机系统执行这三类搜索的能力。

无人机适合完成这些任务,是因为它能在危险的空域飞行而几乎不被发现,具有比有人驾驶飞机更强的生存能力。它不需要带机组人员,因此其花费相对较低。把操控员留在后方的代价是使操控员的视觉受到限制,只能观察传感器系统提供的图像。

对成像传感器基本的限制是分辨率,这与视场(Field of View,FOV)密切相关。如果传感器提供500线的分辨率,那么在视场尺寸与最大距离之间存在固定的关系,在这个最大距离处从视场中能以合理的概率探测到目标的存在。如果在探测中需要有两条线穿过2 m的目标(假定有足够的对比度),且传感器总共有500线可利用,那么视场不会超过500 m(每米一线)。

对于任何俯视角,到视场远边的距离比到视场近边(或到视场的中心,前提是无人机是垂直向下俯视的)的距离长。传感器一般不会垂直向下俯视,典型无人机视场的几何关系图如图4.14所示。图中假定海拔高度为1 500 m(在这个高度可避免轻武器的攻击),俯视角为45°,如果有7°左右的视场,那么一个常规的电视传感器能在2 200 m的距离处以较高的概率探测到一个2 m的目标,7°×7°的视场覆盖了地面上的梯形区域,考虑到大部分电视传感器的视场具有4∶3的纵横比,所以地面上视场的实际区域将是350 m×350 m,仍是梯形。

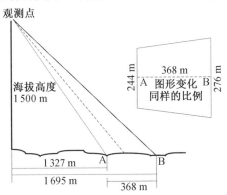

图4.14 典型无人机视场的几何关系图

采用较小的俯视角可以达到地面上更远的区域,但是传感器却不能探测到位于场景上端的目标。如果系统采用简单的手动搜索过程,那么会存在一定的危险,即操控员意识不到传感器系统有探测限制,而将传感器调节到一定的角度,使显示器中显示的大部分场景的斜距大于传感器的最大有效探测距离。这样,操控员好像是完成了对大片地域的搜索,实际上即使有目标暴露在外面,也不能探测到目标。虽然训练和经验可以减少这种情况,但如果不在原始图像上添加一些信息,那么在控制站中观察屏幕的操控员可能很难有效使用传感器。

系统能提供的另外一种简单的附加信息就是一条穿过场景的线,这条线显示了传感器的探测视场范围。它指出了地面上的边界,从传感器到边界处的斜距离超过了针对当前目标的探测距离,根据传感器的俯视角和飞机的海拔高度可以计算出这条线在场景中的位置。这条线限制了操控员的搜索范围,使其能够以合理的概率探测到目标。

把搜索限制在能成功进行探测的范围之内十分重要,这是因为用电视系统和热成像系统搜索地面很像管中窥豹,如在 2 km 处对 1 ~ 2 m 大小的目标进行探测的传感器的视场,其视场区域的边长只有几百米,操控员需要搜索一系列的小区域。自动搜索模式如图 4.15 所示,假定地面上的视场区域如图中阴影所示,为把一些梯形填入到正方形区域中并确保每个地方都能被探测到,可以允许一些重叠,这样至少需要 12 ~ 15 次单独"观察"才能覆盖 1 km² 的区域。

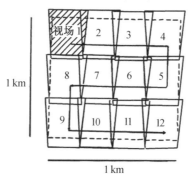

图 4.15　自动搜索模式

如果操控员不在 7° 搜索视场与一个更大的全景视场之间做切换,则他在任何时候都不可能看到 1 km² 的完整区域。这将导致在搜索大区域时出现一些严重问题,即操控员很难以有效的方式手动完成对整个区域的系统搜索。在载人飞机上的观察者可以通过窗户利用外围视觉观察大片视场,保持对地面的方向,完成系统的搜索。而控制站内观察显示器的操控员却没有外围视觉,所观察到的每片区域都是孤立的,如果没有提供自动化系统以跟踪地面上已看过的部分,指导操控员为传感器选择下一个目标点,那么操控员很可能对整个区域进行随机抽样式的搜索,而没有意识到并没有观察到整个指定区域。

训练操控员以系统的方式移动视场可以解决这个问题。但是,为使操控员能够感觉到下一场景与前一场景之间的关系,可能需要相邻场景之间有一定的重叠。如果整个区域有很多倍的视场宽,而且操控员试图采用光栅扫描(先扫过底部,然后向上移动一个视场,再经过指定区域扫描回去等),那么很难保持平行扫描和较小的重叠,除非场景中有间隔和直线特征以便于参考。

实际上,如果要对比单个视场大得多的区域进行有效的搜索,那么也许唯一合理的方式就是设计一个自动化系统,该系统利用无人机的导航和惯性参考系统有秩序地移动视场以覆盖整个区域,搜索过程中保持合理的重叠和速率,使操控员能有足够的时间来观察每一个场景,并能以较高的概率探测到场景中出现的任何目标。

因为连续回转传感器会造成一些模糊,掩盖目标运动,而且需要高的数据率以便传送不断变化的场景,所以最好用"步进 / 凝视"结合的方式进行搜索。按这种方式,传感器的指向可以很快地移动到地面上待观察视场的中心,然后停留一段时间,以便操控员观察一个固定场景,接着传感器快速地转移到下一个视场。

如果知道在"凝视"期间目标的运动对于场景来说相对较小,就不会从运动线索中有所获益,对地面上的每一个视场只要传送一帧视频图像即可。是否属于这种情况要由目标的运动速度和"凝视"的时间长短来确定。在任何情况下,如果数据率受到限制,就有必要放弃任何由目标运动线索可能带来的好处,为地面上的每一视场拍摄一幅静态图像。

对操控员在随时间变化的视频场景(逐幅地观看)中探测目标的能力进行测试,从测试获得的实验数据中可以估计所需要的凝视时间。这些实验数据有一个有趣的特点:如果目标出现,那么探测目标的累积概率在操控员观察场景的开始几秒内会迅速上升,然后概率曲线趋于平坦,长时间的观察只能稍稍增加一些探测概率。有证据表明,概率曲线趋于平坦之前的一段时间与场景中出现目标的概率相关,这可以用"气馁因子"(Discouragement Factor)来解释。如果操控员在观察场景的初始阶段没有发现目标,那么他就会因"气馁因子"的作用而降低注意力;如果操控员在连续扫描了许多场景之后,发现大部分场景中不存在任何目标,那么"气馁因子"会增加。也就是说,如果操控员对在场景中发现目标不抱有希望,那么他会比抱有希望时更快地放弃对场景的仔细观察。

例如,如果任务是搜索一个范围为 2 km × 5 km 的区域,视场采用上面讨论中提到的 7° 视场,则场景的混乱程度较高,那么每平方千米需要约 15 个视场,每帧场景需要 20 s,再加上额外的 1 s 用于完成传感器的回转和设置到新的目标点。这样,搜索 1 km^2 需要 320 s,而搜索指定的 10 km^2 区域需要 3 200 s(约 53.3 min)。可见,1 h 的搜索占了无人机大部分的飞行时间。另外,如果目标是运动的,那么低的搜索速度还会导致目标穿过搜索区域却没有被发现,这是因为在任一给定的时间内整个区域中只有一小部分处于监视之下。

而有人驾驶的直升飞机或轻型飞机执行低空盘旋,在几分钟之内就能完成对同样的 2 km × 5 km 区域的搜索。

显然,如果目标更大或更醒目,那么搜索时间会更短。如果待侦察的目标是一个较大的建筑物,那么无人机就可以用最宽的视场和较小的俯视角仅移动几个视场就能完成对整个区域的搜索。另外,如果目标是人(如穿过边境的背着包的毒品走私分子或穿过开放地域的游击人员),则无人机就只能采用较小的视场或采取接近地面的方法(可减小地面上视场的范围),而且要花费更多的时间去搜索同样的区域。

如果有许多所关心的个体目标在活动,那么发现了其中任何一个目标就会发现全部目标。例如,发现了一个游击队员后,就会仔细搜索邻近的区域;发现了更多的游击队员后,就可以确认整个分队已被发现。这样就增加了对目标阵列的探测概率,因为只要一个目标被探测到,那么许多目标都可以被忽略。但是这对搜索时间和范围没有太大的影响,因为搜索时间是由视场和搜索每个视场所花费的时间决定的,视场的大小取决于单个目标的尺寸。即使无人机采用了最新的传感器和最新的处理方法,它搜索一个地区所需要的时间仍然很长,而搜索同样的区域,有人驾驶飞机就能很快完成。无人机系统如果实现了目标的自动识别,那么就有可能通过减少在每一场景上的驻留时间来很快地完成搜索。

另外,对点和路径的搜索可以在合理的时间内完成。如果知道目标的位置在大约 500 m 之内,那么只需搜索 1 km²。即使存在严重的混杂现象,完成搜索也只需要不到 5 min 的时间。但是,对于大范围搜索,就要提供一个自动搜索系统以保证视场能够完全有效地覆盖整个区域。

可以通过一列沿着公路的视场来完成对一条公路或高速公路及其两边的路径搜索。搜索需要考虑目标是否藏在沿路的树丛里,混杂物可以处在从低处到高处的任何位置。如果要寻找路面上的一支护卫队,那么可以简单地让飞机沿路飞行而把视场对着下面扫描。即使需要采用步进/凝视的方式进行彻底的搜索,按照不低于 1 km/min 的速度沿路飞行也应该是可能的。

如果要执行彻底的路径侦察(包括搜索有伏兵的地方),那么很有必要以路为中心,向路两边扩展的地带进行区域搜索,而搜索的时间可以采用与区域搜索相同的方法进行估算。

无人机看不见树林下面的目标,因为低分辨率不能对四周环境进行观察。搜索缓慢会使无人机系统不太可能像有人驾驶飞机一样对树林掩护下的运动目标进行探测。

2. 合成孔径雷达

合成孔径雷达(Synthetic Aperture Radar,SAR)在夜间和恶劣气候时能有效地工作,它能够穿透云层、雾和战场伪装,对战场能够以高分辨率、大范围实时成像,同时可以探测活动目标,这一点是光电/红外任务载荷无法企及的。合成孔径雷达的成功研制使获得的线性分辨力小于地面物体尺寸的雷达成像成为可能,从而使雷达对物体分类成为可能。这些特点使它在地面侦察任务中占有重要的地位。

(1) 合成孔径雷达的基本原理。

合成孔径雷达通常安装在移动的空中或空间平台上。利用雷达与目标间的相对运动,将雷达在每个不同位置上接收到的目标回波信号进行相干处理,就相当于在空中安装了一个天线尺寸超大的雷达,这样小孔径天线就能获得大孔径天线的探测效果,具有很高的目标方位分辨率。再加上应用脉冲压缩技术又能获得很高的距离分辨率,因此合成孔径雷达具有二维高分辨率。

20 世纪 80 年代中期以前,合成孔径雷达采用的是窄带信号($B < 0.01f_0$,其中 B 为信号谱的宽度,f_0 为载频),近来雷达中采用了超宽带信号($B > 0.25f_0$),结果合成孔径的尺寸增大到可以与到物体的距离相比较的程度(宽角合成孔径),这一进步使雷达成像的分辨力提高到了几米甚至几分米。

合成孔径雷达工作时按一定的重复频率发、收脉冲,真实天线依次占一虚构线阵天线单元位置。把这些单元天线接收信号的振幅与相对发射信号的相位叠加起来,便合成一个等效合成孔径天线的接收信号。若直接把各单元信号矢量相加,则得到非聚焦合成孔径天线信号。在信号相加之前进行相位校正,使各单元信号同相相加,得到聚焦合成孔径天线信号。地物的反射波由合成线阵天线接收,与发射载波做相干解调,并按不同距离单元记录在照片上,然后用相干光照射照片便聚焦成像。这一过程与全息照相相似,差别只是合成线阵天线是一维的,合成孔径雷达只在方位上与全息照相相似,故合成孔径雷达又称准微波全息设备。

雷达系统具有三种工作模式:动目标检测、合成孔径和聚束(最小可检测速度 2 m/s)。动目标检测模式下,分辨力为 10 m,90° 扇面的扫描时间为 120 s,信噪比为 0.1 时进行目标的探测。合成孔径模式下,斜距不超过 200 km 时观测带宽为 10 km,分辨力为 1.0 m × 1.0 m。聚束模式下,分辨力为 0.3 × 0.3 m。信息沿公共数据链路(Common Data Link,CDL) 通信线路和 Panamsat 卫星通信线路传输到地面站的传输速率分别为 274 Mbit/s 和 50 Mbit/s。

限制获得高质量雷达图像的主要因素有图像形成过程中载机运动的不稳定性、大气层的非均质性(对流层和电离层) 和信号处理算法的近似性,这些因素会使雷达图像产生散焦现象。为减少轨道不稳定性的影响,在信号处理时引入自聚惯性导航系统的测试数据,可以提高雷达成像质量。但是要获得高分辨力(3 cm 波段范围内达到几米),仅借助上述方法是远远不够的,需要引入自聚焦算法。最早的自聚焦算法之一是由 B. D. Steinberg 提出的,称为匹配图像形成算法。该算法的主要原理是:在雷达图像中寻找最强的点,假定其回波信号的相位恒定不变,对其他点的回波信号相位进行微调(时域内)。这种算法的缺点是在整个合成时间内(特别是合成时间较长时)在雷达的成像帧上并不总能找到一个稳定的反射点。

另一种自聚焦方法是将合成孔径分解为较小尺寸的子孔径,结果得到包含有图像散焦度信息的同一个雷达图像(分辨力很低)的一系列帧。根据雷达图像一系列帧的对比度变化和图像的位移变化推算出合成孔径雷达载机的加速度,并引入到信号处理中,得到的加速度估算精度为 0.002 m/s²,5 次迭代后分辨力由 36 m 提高到 0.84 m。该方法的缺点是信号处理时间(取决于迭代次数)较长或用来进行雷达成像的计算系统的运算量较大。

(2) 合成孔径雷达的特点。

现代合成孔径雷达具有如下特点。

① 远距离全天候高分辨率成像。远距离全天候高分辨率成像能够提供全天候条件下详细的地面测绘资料和图像,这种能力对于现代侦察任务是至关重要的,也是它的优越之处。在恶劣气候下,雷达是一种合适的探测传感器,其他的传感器在这种环境下不能很好地工作。合成孔径雷达能够昼夜工作,并且能够穿透尘埃、烟雾和其他一些障碍。虽然红外传感器也能够在夜间工作,但是它与其他电光传感器一样,不能在严酷恶劣的气候下产生清晰的图像。

合成孔径雷达具有防区外探测能力,即可以不直接飞越某一地区,而能对该地区进行地图测绘。因此,合成孔径雷达比起一般红外和电光传感器具备更远距的工作能力。另外,与红外和电光传感器不同,合成孔径雷达的分辨率与距离是无关的,它不会随着距离的增加而降低。

② 自动目标识别。自动目标识别采用自动数据处理方法对目标进行识别和分类,并按照其重要程度进行分级。以目前对侦察系统的大范围覆盖的要求,要做到目标识别,需要收集的数据量之大已远远超过人工迅速做出判断的极限。为将合成孔径雷达用于自动目标识别,人们已经做了大量的工作。使用合成孔径雷达完成自动目标识别的一个主要的技术问题是要开发能够在雷达回波中识别目标特征的各种算法。

③ 具有穿透性的观察视场。

大多数的合成孔径雷达都工作于 X 波段或更高的频段,这种频率不能穿透树叶进行探测。UHF 波段的雷达能够穿透树叶,并能提供比 X 波段更好的全天候覆盖区域。但是,目前要开发这一频段的合成孔径雷达还存在很大的技术障碍。一个重大的挑战是要开发尺寸足够小的天线,使它能够安装在飞机平台上。UHF 波段雷达的工作波长较长,因此天线尺寸非常大,不适合高空携带。

欧洲宇航局的地球环境监测卫星(Environment Satellite,ENVISAT)通过合成孔径雷达为科学家提供了高分辨率的图像数据。图 4.16 所示为 2005—2007

年间 ENVISAT 上的先进合成孔径雷达（Advanced Synthetic Aperture Radar，ASAR）传回的北冰洋图像的合成。图 4.17 所示为 2007 年 9 月初 ENVISAT 上的先进合成孔径雷达传回的 200 组数据经过合成处理后的北冰洋海冰覆盖图像。这两幅图像见证了海冰三年间的变迁。

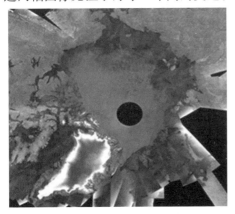 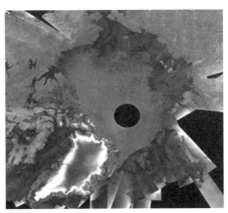

图 4.16　2005—2007 年间 ENVISAT　　　图 4.17　2007 年 9 月初 ENVISAT 上的先
　　　　　上的先进合成孔径雷达传回的　　　　　　　进合成孔径雷达传回的 200 组数据
　　　　　北冰洋图像的合成　　　　　　　　　　　经过合成处理后的海冰覆盖图像

（3）合成孔径雷达在无人机上的应用。

近十几年来，轻型天线和紧凑的信号处理装置的发展及成本的降低使合成孔径雷达已经能够装备在战术无人机上。由于合成孔径雷达具有全天候、高分辨率、多视角等优点，可在 24 h 为作战部队发送图象情报信息，因此美国和北约各国均制订了用于侦察和作战的战术无人机的长期研制计划。美国的蒂尔 - 2、蒂尔 - 2 plus 和蒂尔 - 3 minus 无人机上均安装有合成孔径雷达。

目前比较典型的合成孔径雷达是美国通用原子公司（GA）与 Sandia 国家实验室（SI）合作研制的 Lynx 高分辨率合成孔径雷达，主要在 Predator、I - GNAT 或 Prowler 无人机上运行。Lynx 合成孔径雷达是一种轻型雷达，产品有 Lynx Ⅰ（52 kg）和 Lynx Ⅱ（34 kg）。Lynx SAR 系统如图 4.18 所示，其具有远距离分辨能力，能够穿透云、雨、灰尘、烟雾和雾，提供高分辨率、高质量的图像。Lynx 合成孔径雷达包括两种聚束和两种条带 SAR 模式。

Lynx 合成孔径雷达工作在 Ku 波段，其中心频率为 16.7 GHz。通常，该雷达适用的速度范围为 35 ~ 135 nmile，俯角为 5° ~ 60°。在条带模式下，其分辨率为 30 cm ~ 1 m，覆盖幅宽为 935 m。在聚束模式下，30∶1 的图像电子放大设备可使其分辨率为 10 cm ~ 3 m。在干燥空气中，分辨率为 3 m 时，最大作用距离为 87 nmile；分辨率为 30 cm 时，最大作用距离为 29 nmile。

"全球鹰"无人机装配的合成孔径雷达是曾经安装于 U - 2 的 HISAR 系统，

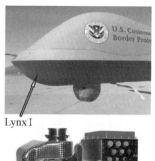

Lynx I

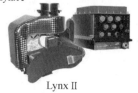

Lynx II

图 4.18　Lynx SAR 系统

重 290 kg,工作于 X 波段,装有 1.2 m 直径天线,侦察距离范围为 20 ~ 200 km,图像分辨率为 0.3 m,能够区分小汽车、卡车等地面目标,并判断其运动状态。该型雷达可探测到伪装的水坝、车辆、坦克、飞机等目标,也能穿透云、雨等障碍,如图 4.19(a)所示。海上"全球鹰"机载合成孔径雷达在低分辨率下可以探测到舰船目标,并获取其坐标、运动速度和方向等信息,在高分辨率下可进一步识别舰船目标特征,全天候侦察监视作战区域,一天之内侦察面积可达 13.8 万 km²,如图 4.19(b)所示。 未来美军计划为"全球鹰"Block 40 无人机安装新型"空 – 空 / 空 – 地"雷达系统,即"多平台雷达技术插入项目"(Multi-Platform Radar Technology Insertion Program,MP – RTIP),其对地面目标拍照的效果如图 4.19(c)所示。该模块化有源电子扫描阵列雷达可以跟踪地面移动目标和低空飞行目标。

(a) SAR 图像　　　　　(b)"全球鹰"探测监视目标　　　(c) MP-RTIP 的 SAR 图像

图 4.19　"全球鹰"无人机合成孔径雷达的图像

齐默尔曼联合公司研制的 SmallSAR 轻型机载合成孔径雷达可用于探测地雷(甚至透过簇叶)和其他军事用途。实验证明,其分辨率为 75 ~ 150 mm,质量约 2.3 kg,功率仅为 10 W,成本不到 25 万美元。其安装在飞行高度为 300 m 的无人机上时,有效作用距离为 2 ~ 3 km,无人机的前飞速度提供约 18 m 的合成孔径。由于其发射功率低,因此还具有隐蔽工作的优点。

以色列为"搜索者"Ⅱ无人机(图 4.20)研制了 EL/M - 2055D 合成孔径雷达(图 4.21)。雷达具有条幅、定点和地面活动目标指示模式,可以全天候在防区外拍摄大范围影像,影像质量接近照片(图 4.22)。定点模式可提供分辨率较高的影像,可进行目标分类,地面活动目标指示模式则可以发现地面活动目标。雷达重 36 kg,功率为 700 W。

图 4.20　"搜索者"Ⅱ无人机　　　　图 4.21　EL/M - 2055 合成孔径雷达

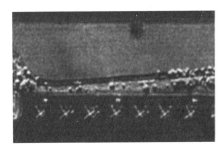
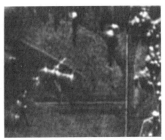

图 4.22　EL/M - 2055 拍摄的影像

德国 2002 年开始研制的 MjSAR 小型合成孔径雷达是一种调频连续波 Ka 波段(35 mm)雷达系统(图 4.23),其质量仅为 3.95 kg,可以装在 0.01 m^2 的任务载荷舱内,功耗不到 60 W,以条幅模式可以覆盖 500 ~ 1 000 m 宽的条形地带,分辨率为 500 mm,还能以聚光模式详查特别感兴趣的区域。雷达由处理器、数据记录装置和显示装置组成。天线系统由安装在常平架上的天线,以及振动、横滚和起落运动补偿装置组成。其中,天线包括陀螺和天线控制电子系统。由于天线安装在常平架上,因此可以消除平台横滚、偏航的影响。原始雷达数据一般通过带宽 5 MHz 的标准模拟数据链路传送给以个人计算机(Personal Computer,PC)为基础的地面控制站,进行实时图像处理、显示和存储。MjSAR 小型合成孔径雷达已安装在"月神"无人机上进行了飞行试验,可以昼夜产生接近照片质量的高分辨率雷达影像(图 4.24)。

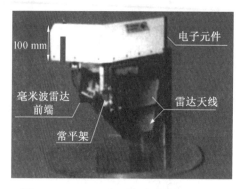

图 4.23　MjSAR 小型合成孔径雷达结构　　图 4.24　装在"月神"上 MjSAR 小型合雷达

与德国一样,荷兰也在研制调频连续波合成孔径雷达可行性演示器,演示器打算安装在飞行高度 300 m、速度 90 km/h 的平台上,在 400 ~ 1 000 m 的距离上产生宽 300 m 条形地带的图像,预计作战型尺寸为 140 mm × 200 mm,覆盖宽1 000 m 的条形地带,方位和距离分辨率为 300 mm。

另外,荷兰还在研制 MiniSAR 合成孔径雷达。该雷达工作在 X 波段(975 GHz),体积为 500 mm × 300 mm × 200 mm,质量不到 50 kg,作用距离为 10 km,能以条幅式地图、聚光、活动目标指示模式获得图像。

英国在研制的合成孔径雷达名为 QuaSAR,该雷达以条幅地图、聚光、宽域海上成像模式运转,可以装备任何能承载 30 kg 以上任务载荷的无人机。当安装在飞行高度 18 000 m 的平台上时,可以覆盖 3.5 ~ 20 km 宽的条形地带,作用距离为 20 ~ 115 km,分辨率为 3 m、1 m 或 300 mm。

3. 激光雷达

与合成孔径雷达系统相比,激光雷达的波长短,它不仅可以探测到簇叶下的目标,还可以对目标进行分类,为地面部队提供实施交战所需的精确目标信息。美国陆军和国防高级研究计划局联合投资,启动了"线锯"激光雷达计划,其目标是发展一种无人机载的小型三维成像激光雷达。

"线锯"激光雷达的基本概念是根据合成孔径雷达的标示,携带"线锯"激光雷达的无人机按程序飞行到目标的上空,在预先确定的非常小的搜索区域(如两三辆军用车辆占据的几十米见方的区域)内,用树冠或和伪装中随机出现的空隙采集数据,这些空隙隐约露出目标未被遮蔽的部分,激光雷达可以有效地通过这些空隙"观看"目标的暴露部分,获得场景的三维(角度 – 角度 – 距离)影像(图 4.25)。无人机运动时,对"线锯"激光雷达来说,就会出现新的空隙分布,暴露出目标的其他部分。如果"线锯"激光雷达从足够多的角度观看目标,并将各帧影像融合成一个合成影像,就可以显现出目标的形状。

图 4.25 "线锯"激光雷达的基本探测原理

目前,美国的多家公司开展了无人机载"线锯"激光雷达的研究工作。诺斯罗普-格鲁曼公司研制的"线锯"激光雷达由激光器、激光放大器、二极管电源、热控制装置、有效载荷控制器(ARM 微型控制器)、接收机、惯性测量组件和相关的电源等部分组成,安装在常平架的两侧,激光器和接收机用机械方法校准。该激光雷达利用窄脉冲发射机、高频接收机、近实时数据显示用三维可视化软件来提供高分辨率影像。窄脉宽发射机可以发射具有足够功率的窄激光脉冲,通过衍射光束成形光学系统,照明方形的目标区,以便探测距离达 100 m 的低反射率目标。照明区与探测器视场匹配,接收机采用 128 × 8 像素的探测器阵列和互补金属氧化物半导体(Complementary Metal Oxide Semiconductor,CMOS)读出集成电路。

接收机阵列扫描目标区提供 256 × 304 像素的数据帧。在接收机探测器处理电路中,利用多回波处理,排除杂乱环境和目标形成的多个回波的影响。应用接收机控制的全局值,可使目标探测概率最大,并使噪声导致的虚警最低,然后将飞行过程中获得的各帧影像配准、显示,进行分类分析。根据 2003 年的报告,该激光雷达的地面试验证明,它能通过树木、伪装网之类的遮蔽物观看,根据凸起的可分辨的特征揭露和识别隐蔽的目标。下一步将研制和使用 128 × 128 元的凝视探测器阵列。集成的系统将激光雷达数据发送给战场指挥官,以确定和识别敌方目标。

LiteCycles 公司与先进科学概念公司、科学应用国际公司组成联合研制集团,研制了三维偏振测定闪光型激光雷达。该激光雷达在 100 ~ 500 m 的高度生成瞄准点周围 24 m × 24 m 区域的合成三维影像,目标位置处的像元尺寸为 3 in × 3 in × 4 in。利用新的信号处理算法,目标位置距离精度达到亚像素级。偏振识别增加了目标与簇叶的反差,提高了系统的距离分辨率,使其超出(基于脉宽和探测带宽的)传统极限。

利用 6 ns 长发射机脉宽进行了实验,实验证明被簇叶遮蔽的坦克类目标的距离分辨率为 25 mm,未遮蔽目标的距离分辨率为 7 mm。

阿雷特联合公司则研制出了用多缝条纹管作为接收元件的闪光型激光雷达,其方案是使用条纹管进行高速时间采样,利用 CCD 摄像机进行数字化和读出。条纹管成像激光雷达发射短激光脉冲,测量目标反射光的往返时间,激光在方位维发散成扇形光束,条纹管用多个时间分辨通道有效地接收该光束,于是每个激光脉冲均产生一个二维方位—距离影像,由多个脉冲产生三维(角度—角度—距离)影像,这时通过传感器平台的向前运动并使用单轴俯仰扫描反射镜来令接收系统以航迹椎扫方式扫描。

阿雷特联合公司研制的 64×64 元多狭缝条纹管成像激光雷达的发射机采用闪光泵浦倍频钇铝石榴石晶体(Neodymium-doped Yttrium Aluminium Garnet,Nd:YAG)激光器,脉冲重复频率为 30 Hz,脉冲能量为 100 mJ,脉冲持续时间为 105 ns,利用扩束器和定制的光束发散器产生均匀的正方形照明。该激光雷达具有 5.8° 的正方形视场,飞行高度在 50 m 时,每次拍摄可以将 4.8 m×4.8 m 的一块地面成像。空间采样为每个像素 750 m²,接收机孔径为 42 mm。新型前端光纤组件使用 4 096 根光纤,将 64×64 像素焦平面阵列影像成像在条纹管光阴极的 16 条狭缝上。该激光雷达系统能以 30 Hz 的速率,每个像素 40 个距离块(二进制计数)地获得 64×64 像素的影像数据。处理原始传感器数据即可产生 64×64 像元的距离和强度,或每个激光脉冲的立体影像。在机载野外试验中,装载激光雷达的直升机飞行高度为 50 m,以 0°、5°、10°、20° 的前视角度探测暴露的目标、伪装网下的目标和树冠下的目标。数据的后处理包括多次拍摄和多次通过的配准,证明了闪光型激光雷达可以将伪装网和树冠下的目标成像。

4.1.3　侦察—打击一体化系统

1. 特点和分类

现代化侦察—打击一体化系统是一种比较复杂的系统。它在功能上集侦察、制导、控制设备及杀伤武器于一体,主要用于发现并摧毁敌部队纵深内最主要的运动单目标和群目标,不受气象和天时条件的限制。其主要特点如下。

① 能够近实时可靠地探测敌部队纵深内运动的小型单目标和群目标。

② 作战周期(从发现目标到将其摧毁)较短,少则几十秒,多则 10 ~ 15 min。

③ 在同一个坐标系中实现了对敌非遮蔽目标的侦察和武器制导,从而能以较高精度控制武器打击目标。

④ 作战能力强,即在单位时间内摧毁目标数量较多。

⑤ 一体化系统各单元分散配置,自适应能力和生存能力较强,其战斗稳定性较高。

结合上述特征,可以按照完成任务的规模、作用对象、组配方式和作战使用特点等标准来区分一体化系统。

按照分布和作战使用特点,可分为空地侦察 - 打击一体化系统、空基(机载)侦察 - 打击一体化系统和陆基侦察 - 打击一体化系统。

(1)空地侦察 - 打击一体化系统。

空地侦察 - 打击一体化系统是阵地型系统,在使用中需要对地面单元进行一定的现地配置(如美国的侦察 - 打击一体化系统 PLSS、"迪萨克")。这类侦察 - 打击一体化系统是在空中侦察设备、空基 - 陆基指挥和制导系统、航空兵杀伤武器和陆军杀伤武器等基础上建成的。空地侦察 - 打击一体化系统如图 4.26 所示。

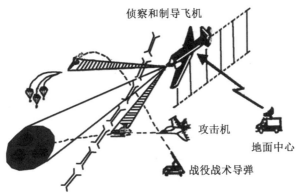

图 4.26　空地侦察 - 打击一体化系统

一般来说,这类一体化系统的组成如下。

① 一架或多架飞机。飞机应配备空中侦察设备、杀伤武器控制设备,以及用于实现飞机、地面站与制导武器之间数据和指令交换的通信设备。

② 地面站。站内应配备处理空中侦察数据和形成制导信号(指令)的设备。

③ 航空兵或陆军杀伤武器(通常是配属的)。侦察 - 打击一体化系统的所有组成部分都配置在己方区域,并由陆军部队和航空兵进行掩护,因此这种一体化系统具有较强的生存能力。

阵地型空地侦察 - 打击一体化系统所采用的空中侦察设备主要有对地搜索合成孔径雷达(如"迪萨克"侦察 - 打击一体化系统)和通信及电子情报侦察设备(如 PLSS 侦察 - 打击一体化系统)。这些侦察设备能够接收远离侦察飞机(200 ~ 600 km)的敌目标信息,且不受天时和气象条件的制约,在阵地型侦察 - 打击一体化系统中,一般不会广泛应用空中光电侦察设备(如电视、红外和激光设备),这是因为它们的作用距离较近(只有几十千米),而且其工作效果受气象条件影响较大。

阵地型空地侦察－打击一体化系统的作用纵深受限于侦察和制导子系统的最大作用距离,由侦察和制导飞机飞行高度上的直视距离确定。因此,在这种一体化系统中,最好使用飞行高度不低于 20 km 的飞机,或者使用天基侦察系统。

阵地型空地侦察－打击一体化系统中所配备的杀伤武器既可以是配备空地武器的攻击机和攻击直升机,也可以是陆军地地攻击武器,如火炮、多管火箭炮、战术导弹、战役战术导弹、陆基巡航导弹及无人机等。一体化系统中的所有杀伤武器都应配备能够实现目标制导的专用设备。

由于阵地型空地侦察－打击一体化系统反应迅速、攻击精度高,因此其最主要的优点就是作战能力很强。

另外,由于阵地型空地侦察－打击一体化系统各单元在空间配置上是分散的,各种无线电控制和数传通道数量众多,因此势必降低其工作隐蔽性,使其易遭敌方电子压制。一体化系统中的地面站和地面杀伤武器降低了其机动能力,特别是在作战环境瞬息万变的关键时刻,会使侦察－打击一体化系统的作战效能大大降低。因此,这种侦察－打击一体化系统的重要作用在作战行动的开始阶段表现得更为突出,特别适用于对敌最重要的目标实施密集攻击,压制其防空系统,阻滞其进攻,突破其防御,封锁突入敌后部队的作战区域。在美国,这类侦察－打击一体化系统的建设计划有 PLSS、"迪萨克"、"索塔斯"等。

（2）空基（机载）侦察－打击一体化系统。

与阵地型空地侦察－打击一体化系统不同,空基（机载）侦察－打击一体化系统在完成侦察－打击任务过程中不直接使用地面系统。同时,所有的子系统（侦察、制导和打击子系统）都配置在一架或多架飞机上。

空基（机载）侦察－打击一体化系统的主要优点如下。

① 既可以从己方区域实施行动（不必飞越战线）,又能飞临敌区完成任务。因此,一般来说对敌目标的打击纵深较大。

② 战斗周期比阵地型侦察－打击一体化系统短（只有几十秒）,因此特别适用于对付敌机动目标。

③ 各单元间信息交换量少,作战隐蔽性强。

④ 与地面数据处理系统、指挥系统和杀伤武器间无直接联系,前沿和纵深机动能力较强。

⑤ 与空地侦察－打击一体化系统相比,结构简单,生产费用低,在战区的作战使用灵活。

空基（机载）侦察－打击一体化系统的缺点是作战效能较弱,易被敌防空系统发现,特别是在敌上空活动时。此外,单机空基（机载）侦察－打击一体化系统的目标搜索能力受限,因此需要提前对目标区进行目标指示。

（3）陆基侦察－打击一体化系统。

陆基侦察－打击一体化系统又称阵地型系统,但与阵地型空地侦察－打击一体化系统相比,其作战纵深要小得多。陆基侦察－打击一体化系统的所有单元和子系统都配置在己方地域,由于地面侦察设备搜索和发现目标的距离较近,因此这些一体化系统只能在很小的作战纵深内使用。

陆基侦察－打击一体化系统可以在地面侦察(如雷达、通信和光电侦察等)设备和武器(如火炮、反坦克导弹、无人机等)自动化指挥系统基础上建成,它们的侦察设备将广泛采用具有动目标检测能力的毫米波雷达和电子情报侦察系统。无论是白天还是夜间,无论是在复杂气象条件下还是在尘烟、烟幕等环境下,这些设备都能有效发现无线电辐射目标并确定它们的方位。

例如,美国研制的"塔达尔"战场监视雷达(f_{11} = 95 GHz)能够发现和识别2 km 内的目标,方位分辨力达 15 m,距离分辨力达 3 m。另外一种类似的具有动目标检测能力的雷达(f_{11} = 35 GHz)能够在复杂战场环境下发现和指示小型目标。陆基侦察－打击一体化系统中的指挥系统可以采用野战炮兵射击指挥系统(如美国的"塔克法耶尔"、英国的"菲斯"和德国的"猎鹰"等)及其他一些系统。这类一体化系统的主要区别在于反坦克导弹系统,如"陶"式反坦克导弹(D_{max} = 3 750 m)、"龙"式反坦克导弹(D_{max} = 1 000 m),以及"海尔法""坦克破坏者"等第三代反坦克导弹。

根据作用目标的性质,这些一体化系统可以区分如下。

① 对付电磁辐射目标的无源侦察－打击一体化系统(如 PLSS、F－4G"野鼬鼠"等)。

② 对付无线电反差目标有源侦察－打击一体化系统(如"迪萨克"、F－15E 机载侦察－打击一体化系统等)。

③ 能够发现和摧毁不同性质目标(如电磁辐射目标、无线电反差目标、人工假目标等)的无源－有源混合型侦察－打击一体化系统。

所有无线电电子系统的典型特征是会向自由空间辐射电磁波,电磁波中包含了辐射源和敌目标的有关信息。侦察－打击一体化系统中所装备的通信及电子情报侦察设备通过截获和分析辐射信号,可以获得有关无线电电子系统的类型及其工作状态和所在位置的参数。

所谓无线电反差目标,是指那些能够反射超短波电磁波的单目标和群目标、运动目标和固定目标(如桥梁、机场、坦克、装甲车辆、防空导弹发射架等)。一般情况下,对敌运动目标的侦察－打击效果取决于以下几个因素。

① 目标的性能(有无典型识别标志、平均阵地停留时间、转移速度等)。

② 侦察设备和指挥系统的战术技术指标(目标的定位精度、侦察信息送达相关指挥所的时间、杀伤武器制导误差等)。

③ 武器的杀伤能力。

④ 侦察－打击作战周期（从侦察与最后一次打击目标、校正制导到摧毁目标的时间）。

在对付运动的集群目标时，侦察－打击一体化系统中广泛采用了带子母战斗部的杀伤武器，子母战斗部飞抵集群目标上空的某个点后分解为独立的子弹体（如导弹子弹和小口径炸弹等）。子弹可能是带自寻弹头的，也可能是非制导的，它们的爆炸呈圆周或椭圆形分布。每一枚带自寻弹头的子弹体都由落区的圆形区域来描述，当落入该区时，目标的摧毁概率较高。

根据完成任务的规模不同，侦察－打击一体化系统可分为战区级（如PLSS）、集团军级或军级（如"迪萨克"）及师级一体化系统（如"索塔斯"）。

2. 典型方案

考虑到战争的残酷性和动态性，侦察－打击一体化系统应该具备如下功能。

① 不用深入地区，便能在几百千米的作战范围内对无线电辐射目标和无线电反差目标实施侦察。

② 目标信息（定位、识别和分选）的近实时处理。

③ 从上级指挥所接收目标指示信息。

④ 向发射装置传送目标指示信息。

⑤ 控制制导武器打击目标。

侦察－打击一体化系统各组成部分间的功能关系如图4.27所示。在敌防空武器杀伤区外沿闭合航线飞行的侦察机使用全天候机载多功能侦察和制导雷达完成对指定区域敌目标搜索任务。随后，敌目标数据被送到地面信息处理中心，进行一次信号处理，继而发送给侦察－打击一体化系统指挥所，在那里完成二次信息处理，决定打击侦察目标的顺序，并向发射装置发送目标指示信息。制导武器飞入目标区后，其自寻弹头根据指挥所传来的目标指示信息完成目标搜索，控制制导武器进入子母战斗部的开仓点，子弹体被抛撒到指定区域，随后开始自主寻的并摧毁目标。借助侦察和制导雷达，可以同时完成对若干个制导武器的控制。

在侦察－打击一体化系统中，所有敌方目标信息都是通过空中侦察子系统获得的（地面侦察－打击一体化系统除外）。这一子系统包括空中侦察设备、导航系统和向地面信息处理中心（或向攻击机）发送空中侦察数据的数传设备。侦察－打击一体化系统中使用的主要空中侦察设备是合成孔径雷达和电子情报侦察设备。

在机载侦察－打击一体化系统中，还可以使用光电侦察设备作为辅助的侦察手段，特别是红外侦察设备和对地搜索的激光目标指示系统。这些设备可以

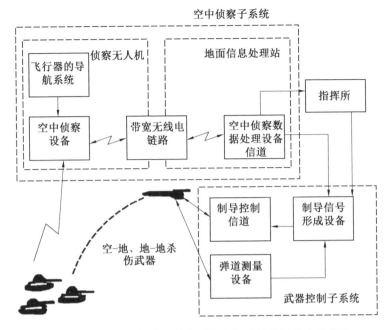

图 4.27　侦察 — 打击一体化系统各组成部分间的功能关系

昼夜使用,在薄雾条件下且作用距离不是很远(在 10 ~ 15 km 以下)时,发现目标的可靠度和精度较高。它们与空中侦察雷达配合使用,可显著提高侦察 – 打击一体化系统(如 F – 15E 飞机)的作战能力。

在阵地型侦察 – 打击一体化系统中,空中侦察数据的处理主要是在地面信息处理中心完成的,这里广泛采用高速计算机和专用处理器。空中侦察数据从飞机沿无线电信道实时向地面中心发送。由于信息量很大,且需要实时发送,这就对侦察 – 打击一体化系统无线电信道的数传速度要求很高,因此无线电信道应该具备足够的带宽和较强的抗干扰能力。从这一点上讲,最有发展前途的是数字无线电信道。在现代化的侦察 – 打击一体化系统中,要求数字无线电信道的数传速度达到 10 ~ 100 Mbit/s。

地面中心的设备应该能够保证对空中侦察数据进行交互式自动化处理(有操控员的参与),因此中心应设有多屏幕信息显示系统。对已探测目标的打击决心由相应的指挥官(参谋部)在指挥所下达。在对付预先规定目标的机载侦察 – 打击一体化系统中,攻击目标的决定由飞行员(操控员)完成。

为保证对目标实施精确的打击,侦察 – 打击一体化系统中主要采用空地、地地制导和自寻的武器,武器的制导过程可以由几个采用不同制导方法和制导系统的不同阶段组成。完成武器制导任务的是控制子系统(图 4.27)。在该子系统中,控制信号是在测量武器的弹道并对比从空中侦察子系统传来的目标位置数据基础上形成的。为保证能在阵地型侦察－打击一体化系统空中侦察设备的整个作用范围内实现对武器的制导,这些信号是通过安装在侦察和导航飞机上的中继器转发给攻击武器的。

通过侦察－打击一体化系统所有组成部分的密切协调,应该能够保证完成以下任务。

(1)侦察飞机无须进入敌防空区,便能够发现战线纵深距离达几百千米的目标。

(2)以不超过几十米的误差将制导武器射向所发现的目标。

(3)以不低于0.8的概率杀伤目标。

(4)在近实时的情况下完成侦察打击过程。

3. 空中侦察子系统

基本的空中侦察设备包括合成孔径雷达、电子情报侦察系统和通信侦察设备。有关合成孔径雷达的问题在前面已经介绍过。在此仅对电子情报侦察设备进行介绍。

空中电子情报侦察设备的作用是:通过截获和分析信号,发现和识别雷达、无线电导航系统及无线电遥控系统,并对它们进行定位。具体来说,它们具有以下功能。

(1)确定所截获信号参数(如载频、脉冲周期、脉宽、调制形式等)。

(2)确定无线电电子系统的工作状态及其扫描方法。

(3)根据所测参数识别无线电电子系统的类型。

(4)确定无线电电子系统的位置参数。

空中通信侦察设备能够发现和截获通信电台的明码、密码和编码数传,对目标进行定向,并确定信号参数。侦察目标包括短波电台,超短波电台,对流层、无线中继和卫星通信线路。侦察－打击一体化系统中的无线电侦察设备主要用于确定电台的种类,对它们进行定位,并由此识别其使用对象。从这一角度看,它与电子情报侦察设备类似。

空中电子情报侦察设备的主要优点如下。

(1)由于是无源的,因此使用隐蔽性高。

(2)作用距离远,能够对远距离辐射目标实现空中侦察。

(3)作用效果不受天时和气象条件的制约。

在电子情报侦察设备中,采用空间、频率和时间三种信号分选方法。空间分选的能力源于电子情报侦察设备在接收信号时具有定向性。在进行空间分选的同时,就完成了对无线电电子系统的定位。

由于电子情报侦察设备采用了选频元件和装置,因此它们能够进行频率分选并测量无线电电子系统信号的载频。雷达场的突出特点是在宽频段内辐射,从几十千赫到几十百赫,侦察－打击一体化系统的空中电子情报侦察设备可以采用扫描方式和非扫描方式对信号进行频率分选和测量。用扫描方式测定信号频率,是由时间可调的超外差接收机(窄带 Δf_n,能够覆盖侦察目标的工作频段 Δf_n)完成的。

由于是在被侦察频段内按照频率去搜索信号,因此这种方法的主要缺陷是处理速度(处理能力)受限。不过,超外差调频接收机具有很高的灵敏度($10^{-11} \sim 10^{-12}$ W),在对小功率目标(如连续辐射无线电电子系统)实施大纵深侦察时,这一点非常重要。

利用非扫描方式(瞬时确定信号频率的方式)探测和测量无线电电子系统信号频率的电子情报侦察设备的接收装置,无须进行频率重调或振荡器(滤波器)转换,就能在较宽工作频带内接收无线电信号。这种方式是借助多通道接收装置实现的。

侦察－打击一体化系统的机载电子情报侦察设备采用了多种不同类型的接收机:有的用于接收和分析脉冲雷达信号,主要是非扫描多通道(普通和矩阵)接收机;有的用于接收连续辐射的无线电电子系统信号,主要是超外差调频(扫描)接收机。

对无线电电子系统的信号进行时间分选,就是要区分它们的时间参数,这些参数包括雷达探测信号的重复周期和脉宽、脉冲串中的脉冲数量(复杂脉冲信号情况下)和扫描周期。在现代化的电子情报侦察站中,信号的时间选择及上述参数的测量通常采用数字化方法,这些方法的分类和测量精度较高,处理速度较快,设备消耗较少。若想进一步提高时间分选和测量装置的处理速度,可采用多通道方案。

在侦察－打击一体化系统中,无线电电子系统信号的测量和分析结果是由计算机自动处理的。计算机需要完成的任务主要有两项,即识别无线电电子系统类型和确定它们的位置。识别任务是通过对比所测信号参数与无线电电子系统的数据库数据完成的。由于每一类无线电电子系统的信号参数值都存在随机偏差,电子情报侦察设备也会出现测量误差,因此无线电电子系统的识别过程具有统计特征。识别过程中信息量最大的是载频、脉冲信号重复周期、脉宽、扫描周期和调制类型(对于连续辐射的无线电波电子系统而言)。侦察－打击一体化系统电子情报侦察设备的突出特点是可以近实时高精度测定所发现目标的位置。在空地侦察－打击一体化系统(如 PLSS)中,目标信号参数测量结果的处理是由地面处理和控制中心的计算机完成的。为此,测量结果要从飞机通过抗干扰数字无线电信道实时传送到地面中心。而在机载侦察－打击一体化系统(如 F－4G"野鼬鼠")中,所有信号处理和分析工作都是由机载电子计算机完成的。

（1）测定无线电电子系统位置的方法。

在空中侦察设备（航拍、光电和雷达侦察设备）中，侦察数据是以地形和目标图像的形式反映的，而电子情报侦察数据不能直接进行地图连测。在电子情报侦察设备中，要定位无线电辐射目标，需确定飞机在侦察航线上的位置，并需测定目标相对信号记录点的位置。由此可见，无线电电子系统位置确定精度取决于两个分量：一是它相对于电子情报侦察设备的位置测量误差；二是飞机导航系统的误差。侦察 – 打击一体化系统电子情报侦察设备定位系统确定无线电电子系统位置的精度，应该能够满足近实时向攻击武器提供目标指示（均方差不超过50 m）的需要。现阶段为满足这些要求，可以采取以下定位方法：多点定向法（三角测量法）、差分测距法、地形匹配法和差分多普勒法。

① 多点定向法。多点定向法就是从侦察机航线上不同的几个点上多次对无线电电子系统进行定向，并根据方位交叉来计算目标方位（图4.28）。

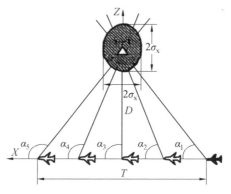

图4.28　多点定向法

这种方法在多基地电子情报侦察系统中也可以实现，若干个飞机的机载设备可以从不同的几个点上同时对目标进行定向。这种情况下，侦察机不需要飞越特定的基线 L，因此目标位置的确定基本上是实时的。当然，多基地电子情报侦察系统的实现需要使用若干架侦察机，且需对它们的侦察数据进行综合处理。

F – 4G"野鼬鼠"的机载侦察 – 打击一体化系统就采用了多点定向法，即在侦察航线上顺序进行定向。对于这些机载侦察 – 打击一体化系统来说，该方法是唯一可行的。在 PLSS 一体化系统中，目标位置的确定是由多基地电子情报侦察系统（借助三架飞机上的设备）完成的。

如果不考虑飞机导航系统的误差，那么使用这种方法确定无线电辐射目标位置的精度取决于以下几个因素：定向误差、基线 L 的尺寸、到航线垂直线的距离 D 和基线的数量。

在用多点定向法计算无线电电子系统位置时,定向信息处理方法有两种:串联法和并联法。采用串联法确定无线电电子系统位置时,要将在两个相邻点得到的定向汇集成基线,这时基线的数量为 $N-1$(N 为所得定向的数量)。采用并联法确定无线电电子系统位置时,要汇集任意两个间隔为 L 的点上的定向,这时基线的数量等于计算总量的组合数。

多点定向法的实现需要有很强处理能力的机载计算机,而对于各类设备和航线不稳定性,则需研究特殊的计算方法。多点定向法的突出特点是:当侦察 – 打击一体化系统作战范围内存在同类无线电电子系统或信号参数值接近(电子情报侦察设备无法处理)的电子系统时,可以非单值确定无线电电子系统的位置。当无线电电子系统距离在 20 km 以内时,位置测定误差小于 50 m;而当无线电电子系统距离超过 100 km 时,误差会达几百米。因此,这种方法的使用范围只能是作用距离不远的机载侦察 – 打击一体化系统,如美国 F – 4G"野鼬鼠"的机载侦察 – 打击一体化系统。

② 差分测距法。用于确定无线电辐射目标位置的差分测距法只能在多基地电子情报侦察系统中实现。这种方法的工作原理是要测量电子情报侦察设备从若干不同点(最少三个点)上接收无线电电子系统信号的时间差。也就是说,整个电子情报侦察系统应包含几架飞机上的设备及这些飞机的地面信息处理中心(图 4.29)。

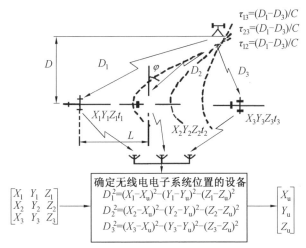

图 4.29　确定无线电电子系统位置的差分测距法

每一对飞机上电子情报侦察设备接收信号的时间差 τ_{ij} 与从飞机到侦察目标的距离差($D_i - D_j$)成正比,即

$$\tau_{ij} = \frac{D_i - D_j}{c}, \quad i = 1,2; j = 2,3; i \neq j \tag{4.2}$$

式中,c 为电磁波传播速度。

地面上的每一个距离差都对应于一条双曲线型位置线(等差线),无线电辐射源就分布在这条线上。无线电电子系统的位置可以作为位置线(根据两对飞机的数据计算)的交叉点来确定(图4.29)。

用这种方法测定无线电电子系统位置的精度会受到以下几个因素的制约:距离差的测量误差,这与无线电波传播区段上的传播条件、电波受到大气折射及电波辐射的多路径等相关;电子情报侦察接收机噪声、机载标准时间基准不精确等造成的信号接收时间的测量误差;电子情报侦察设备接收无线电电子系统信号时侦察(中继)飞机位置的测量误差。此外,该方法的精度还在很大程度上取决于测量基线 L 的长度及无线电电子系统相对于基线的位置和角度(D 和 φ,图4.29)。

为测量 τ_{ij} 值,必须确保进入电子情报侦察设备接收机的信号与精确时间基准绑定。因此,侦察(中继)飞机的设备中应配备基于原子频率和时间基准的机载时间存储器(校准器),而地面处理和控制中心的设备也应配备地面时间存储器,并据此用机载时间校准器校正测量数据。

确定上述测量值时的另一个必要条件是将电子情报侦察设备接收的信号与数据库中的无线电电子系统进行核对。

当战场上无线电电子系统的分布密度很高时,满足这一条件有很大的困难。因此,侦察－打击一体化系统的电子情报侦察设备中,在可以采用差分测距法的同时,还可以采用多点定向法作为辅助手段,以及采用三角测量法来粗略测定它们的位置。如果在一定的侦察区域内,它们的方向会发生重叠,则可利用同类型无线电电子系统的参数,使用差分测距法来精确测定它们的位置。

在侦察连续辐射无线电电子系统时,测量信号输入的时间很困难。多点定向法曾在侦察－打击一体化系统研制的第一阶段用于对连续信号进行电子情报侦察。确定无线电电子系统位置误差有时会达到几百米甚至几千米(取决于距无线电电子系统距离、信噪比和角度 φ)。

③ 地形匹配法和差分多普勒法。为保证对连续辐射无线电电子系统有较高的定位精度(30 ~ 50 m),在侦察－打击一体化系统研制的第二阶段开始采用地形匹配法(用来接收宽带信号)和差分多普勒法(用来接收窄带信号)。在地形匹配法中,一对信号间的延迟由相关函数最大值确定。采用这种办法测量信号间时间延迟 τ_{ij} 所能达到的精度 σ_{τ} 取决于信号的频谱宽度 Δf_{c},测量仪器输入端的信噪比 $\sigma_{\tau} = (\Delta f_{c} q)^{-i}$。从这个关系式中可以看出,在侦察－打击一体化系统中,地形匹配法可以有效地测定发射宽频带连续信号的无线电电子系统的方向(如干扰站、高速数传线路等)。例如,当 $q = 10$,$\Delta f_{c} \geq 1$ MHz 时,可以达到 $\sigma_{\tau} \leq 30$ m 的精度。如果信号是窄频带的,则可采用差分多普勒法来测定辐射源位置,即锁定相对目标飞行的飞机(最少两架)上各接收机所接收信号的多普勒频移之

间的差。在校准信号接收机时,要使它们能够接收到多普勒频移差异的信号。如果鉴频器的其中一个输入端接一个接收机中频信号,而另一个输入端接另一个接收机中频信号,那么在鉴频器的输出端将得到频移差。多普勒频移差的测量在一定的时间间隔 $T_1 = t_2 - t_1$ 内进行(图 4.30)。

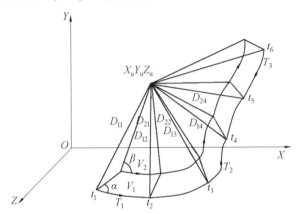

图 4.30　确定无线电电子系统位置的差分多普勒定位法

这时,相关相移差的积分值为

$$\Delta\varphi_1 = \int_{t_1}^{t_2} \Delta F_1 \mathrm{d}t - \int_{t_1}^{t_2} \Delta F_2 \mathrm{d}t \tag{4.3}$$

式中,$F_1 = f_T\left(1 + \dfrac{V_1}{c}\cos\alpha\right)$,$F_2 = f_T\left(1 + \dfrac{V_2}{c}\cos\beta\right)$,分别表示第一架和第二架飞机接收信号的频率;$f_T$ 为辐射发射机频率的常量;V_1 和 V_2 为第一架和第二架飞机的速度;α 为第一架飞机航线与辐射源方向间的角度;β 为第二架飞机航线与辐射源方向间的角度。

将 F_1 和 F_2 值代入式(4.3)中可得

$$\Delta\varphi_1 = \frac{f_\tau}{c}\left(\int_{t_1}^{t_2} V_1\cos\alpha\,\mathrm{d}t - \int_{t_1}^{t_2} V_2\cos\beta\,\mathrm{d}t\right) \tag{4.4}$$

用 $D_1(t)$ 表示第一架飞机到辐射源的距离,$D_2(t)$ 表示第二架飞机到辐射源的距离。由于 $V_1\cos\alpha = \dfrac{\mathrm{d}D_1}{\mathrm{d}t}$,$V_2\cos\beta = \dfrac{\mathrm{d}D_2}{\mathrm{d}t}$,$\dfrac{f_\tau}{c} = \dfrac{1}{\lambda_T}$,因此由式(4.4)可得

$$\Delta\varphi_1 = \frac{1}{\lambda_T}\left(\int_{t_1}^{t_2} \mathrm{d}D_1 - \int_{t_1}^{t_2} \mathrm{d}D_2\right) = \frac{1}{\lambda_T}(D_{21} - D_{11} - D_{22} - D_{12}) \tag{4.5}$$

为在笛卡儿坐标系中确定辐射源坐标 $(X_д, Y_д, Z_д)$,标出式(4.5)中的距离 D_{ij},对于每一个时间间隔来说都有

$$\Delta\varphi_1 = \big[\sqrt{(X_{21} - X_д)^2 + (Y_{21} - Y_д)^2 + (Z_{21} - Z_д)^2} - \sqrt{(X_{11} - X_д)^2 + (Y_{11} - Y_д)^2 + (Z_{11} - Z_д)^2} -$$

$$\sqrt{(X_{22} - X_{\text{Д}})^2 + (Y_{22} - Y_{\text{Д}})^2 + (Z_{22} - Z_{\text{Д}})^2} +$$

$$\sqrt{(X_{12} - X_{\text{Д}})^2 + (Y_{12} - Y_{\text{Д}})^2 + (Z_{12} - Z_{\text{Д}})^2}] / \lambda_T \qquad (4.6)$$

式中,$X_{\text{Д}}$、$Y_{\text{Д}}$、$Z_{\text{Д}}$ 为目标坐标分别在 X 轴、Y 轴、Z 轴上的值;X_{ki}、Y_{ki}、Z_{ki} 为第 k 架飞机在 i 时刻的坐标分别在 X 轴、Y 轴、Z 轴上的值。

对于其他的时间间隔($T_2 = t_4 - t_3$、$T_3 = t_6 - t_5$ 等),也可以得出类似的关系式(图 4.31)。

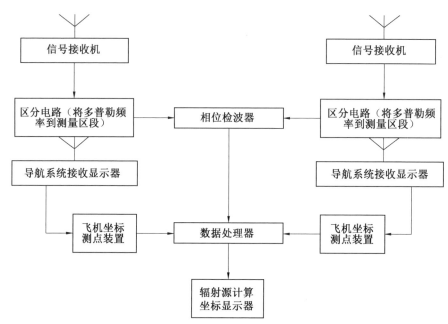

图 4.31　无线电电子系统坐标测定的设备结构图

显然,已知第 k 架飞机在侦察时段中的位置,要想单值确定三个未知坐标,必须在最少三个时间段上进行测量。图 4.31 给出了实现差分多普勒法的设备组成框图。信号从第一架和第二架飞机的接收机发送到相位检波器上,与 $\Delta\varphi_i$ 成正比的输出电压经模数变换后,就从检波器的输出端传送到数字处理器上进行处理。进入处理器的还有第一架和第二架飞机在测量时刻的位置导航信息。通过求解带三个未知量的三个方程联立方程组,处理器可计算出辐射源的坐标($X_{\text{Д}}$,$Y_{\text{Д}}$,$Z_{\text{Д}}$)。

差分多普勒法有三个优点:一是对辐射源发射机的频率稳定性没有严格要求;二是对携载接收机的飞机航线没有限制;三是可用于确定窄频带、未调制无线电信号辐射源的坐标。上述优点源于一个重要的原因,就是在空间上分散配置了多个机动设备接收信号,而这些机动设备之间设有通信链路用以互相转发所接收的信号。用这种方法测定位置的精度会随测量阵地和时段数量的增加而提高,当然这同时也会导致计算设备数量的增加。在该方法中,提高位置测量精度的另一个方法是在侦察过程中优化机动阵地的相对空间分布,即尽可能地使差分多普勒坐标测量法中各条位置线之间的角度达到最大。

（2）确定侦察设备载机位置的方法。

无论采用哪一种方法来确定无线电电子系统的位置,侦察机在记录无线电电子系统信号参数瞬间的坐标测定精度都会直接影响无线电电子系统位置的测定精度。在现代侦察－打击一体化系统中,为高精度地确定飞机的实时位置,可以采用自主式机载惯性多普勒导航系统（如"野鼬鼠"机载侦察－打击一体化系统）、基于坐标测量测距原则的无线电导航系统和精确的卫星导航系统。

在机载侦察－打击一体化系统中,无线电电子系统位置的确定和武器的制导是在飞机的坐标系统中实现的。因此,精确确定飞机在航线（即无线电电子系统坐标测量基线 L）上的位置是非常重要的。

在阵地型侦察－打击一体化系统中采用测距和差分测距无线电导航系统,需要在侦察机巡逻区域设置导航站网络,并且这些导航站需要经过精确的标定（米级）。采用测距法时,无线电导航系统包括两个通道,即询问通道和应答通道。如果询问方在飞机上,那么它们的位置坐标直接在飞机上计算。进行精确时间校准后,可与电子情报侦察数据一起经无线电信道发送给地面信息处理中心。如果询问来自地面导航站,则飞机位置坐标的计算任务由侦察－打击一体化系统的地面处理和控制中心来完成。距飞机（导航站）的距离通过询问与应答信号间的延迟来计算。飞机的位置通过作为一个按两组导航站计算出的三平面（球面）的交叉点来确定（三点测距系统）。

在上述无线电导航系统中,还可以用差分测距法来确定飞机的坐标。至于选定哪一种方法,取决于它们在特定系统重建的精度,如果导航站经过了精确的标定,则采用这些方法确定坐标的误差将降至 5 ~ 10 m。

4. 火控子系统

所有用于侦察－打击一体化系统的杀伤武器,根据其平台位置的不同,可以分为两大类,即地地型陆基杀伤武器和空地型空基杀伤武器。空基杀伤武器是指从侦察－打击一体化系统中的攻击机、直升机和无人机上发射的杀伤武器。

美国侦察－打击一体化系统中的陆基杀伤武器主要如下。

（1）火炮。

火炮除可使用 M573 或 XM785 等普通炮弹外,还可使用激光制导炮弹（M712"铜斑蛇"）、毫米波有源雷达自寻的追击炮弹（120 mm"美洲鹰"）和无源红外自寻的炮弹（XW836）,炮弹的射程最大可达 70 km。

（2）多管火箭系统。

多管火箭系统用于对 15 ~ 40 km 距离的有生力量和装备集结地等面目标（约

30 km²）实施打击。这些系统多采用带红外自寻的子母战斗部的非制导火箭弹（如"拉尔斯"、MLRS、"阵风"）。MLRS多管火箭系统的发展方向一是研制带毫米波有源自寻的头的制导火箭弹；二是研制配子母战斗部的非制导火箭弹，即在红外和毫米波自寻的头的帮助下，战斗部自身应能发现坦克等目标并进行自主寻的。

（3）"陶""龙""霍特""米兰"等战术导弹系统。

"陶""龙""霍特""米兰"等战术导弹系统在4 km以内具有较高的命中率。这些系统采用半自动制导方式，操作手借助光学或电视瞄准镜跟踪目标，导弹距瞄准线的偏差量可以自动确定并通过导线传送给导弹。近年来，通过采用红外和电视自寻的头，以及激光束瞄准镜，这些系统的性能得到了很大的提高（"阿达茨"（ADATS）系统的射程达到了20 km）。为从导弹向制导和控制指令站传送图像，导弹采用光纤电缆。

（4）T–22和T–16战役战术导弹系统。

T–22战役战术导弹系统采用"长矛"导弹（射程达150 km），T–16战役战术导弹系统采用"爱国者"防空导弹（射程约200 km）。两种导弹的战斗部都装有大量的子弹体（TGSM或"斯基特"（Skeet）微型导弹），每枚子弹体上都装有自寻弹头，借助惯性、地形匹配和有源自寻的雷达系统及指令控制系统，导弹被导引至子弹体分布区。微型导弹上采用红外、热成像、电视和毫米波有源自寻的雷达系统。

（5）战术级地基巡航导弹。

战术级地基巡航导弹用于对机场、防空导弹阵地、铁路枢纽、部队集结地和其他目标实施打击，最大射程达500 km，一般采用复合式制导系统。其在主动飞行段采用带测高仪的惯性导航系统，并由地形匹配系统进行离散校正；在弹道末段采用地形匹配系统对付固定目标或热成像指令系统与机载转发器配合，用于对付运动目标。

在使用陆基武器情况下，必须保证发射系统与目标间的相对关系，而在制导过程中要不断修正飞行弹道。由于多数地地武器在发射瞬间并未锁定目标，弹上装有末段自动搜索、截获和跟踪装置，因此这必然提高了制导到假目标的概率。不过陆基武器飞行时间短，也降低了它们被敌反导武器摧毁的可能性。

空基武器在载机上便可以截获并跟踪目标。考虑到敌有效防空区设置，载机必须考虑其隐蔽性。与陆基武器不同，当侦察机发现目标并修正导弹飞行弹道时，空基武器可将目标跟踪功能与弹道修正功能分开。因此，当需要对付若干个目标时，任务就变得非常急迫。在这种情况下，侦察机的任务是测量目标位置，而载机履行修正弹道的任务。

侦察–打击一体化系统中空地武器的主要平台如下。

① 配备制导导弹、巡航导弹或航空炸弹的飞机（B–52、C–130、F–16）。

② 配备（带半主动激光寻的头的）反坦克导弹、高速航炮、小口径聚能集束

炸弹的陆军航空兵直升机(AH－15、AH－64A、"阿帕奇")。

③配备带反雷达自寻的头、红外、电视制导系统的导弹的低空无人机。

依靠惯性系统、指令控制系统或复合制导系统,上述载机可实现对侦察－打击一体化系统中杀伤武器的制导。侦察－打击一体化系统的飞机在测量目标位置的同时,还测量武器载机的位置,并将其传送至武器发射点(如采用无线电指令控制方法)。最后,导弹和炸弹的控制或由侦察－打击一体化系统的飞机,或由载机,或由其本身的自寻的系统来完成。

巡航导弹通常采用复合制导系统,包括惯性、地形匹配和有源雷达,以及基于"导航星"全球定位系统的指令控制系统。

近年来,机载(自主式)侦察－打击一体化系统得到了很大发展,它们将集发现目标和制导自带武器的任务于一体(如F－15、F－4G、A－10等),机载侦察－打击一体化系统使用非制导炸弹、制导炸弹和导弹,并采用以下一些制导方式。

①有源雷达制导("黄蜂"导弹)。

②半有源雷达制导("海鸥"导弹)。

③无源雷达制导("百舌鸟""阿玛特""哈姆"导弹)。

④电视制导("霍博"炸弹、"小牛"导弹)。

⑤红外制导(GBU－8炸弹)。

⑥指令制导("小斗犬"、AS－20导弹)。

⑦复合制导("鱼叉""飞鱼"导弹),初始段采用带测高仪的惯导系统,末段采用有源雷达制导系统。

在攻击集群目标或有生力量集结地时,还可以使用非制导和制导航空集束炸弹,后者采用红外或毫米波自主寻的系统。

研制火控系统的主要方向是在所有气象条件下和在敌主动反制条件下,提高杀伤武器的制导精度、射程,增加同时发射和制导武器的数量。

4.2 数 据 链 路

4.2.1 基本知识

1.概念

无人机数据链路是指无人机与地面遥控站之间按照一定的协议进行数据传输的无线通信系统。传输的内容包括对无人机进行遥控、遥测、跟踪定位的指令和数据,以及机上载荷要发送的信息数据。在实际应用中,无人机数据链路既可以看作一种通信系统,又可以看作一种技术。无人机数据链路是无人机测控系统和任务载荷功能实现的基本保障。

数据链路既可以传递数字信号,也可以传递模拟信号。如果要传递数字信号,则数据链路既可采用数字式载波调制,也可采用模拟式载波调制。很多简单的遥测数据链路在视频通道内采用模拟调制方式。

现代无人机系统一般都采用计算机进行控制,在地面遥控站和飞机的自动驾驶仪上分别有计算机系统。其中,机载计算机对传感器采集的数据进行处理,如果是图像信息,则还要进行视频压缩。数字信号形式是实现检错编码,提高抗断续干扰能力(通过冗余传输),实现加密和文电鉴别码、图像压缩的基本途径。现代无人机系统的数据链路大多数采用抗干扰性强的数字调制形式传递信号。

2. 功能

(1)对无人机及其机载设备的远程控制。

无人机在飞行过程中尽量根据装订的航路进行自主飞行。当需要进行航路干预时,由地面遥控站改变飞行航迹,机载设备如干扰设备的激活或解除也需地面控制站进行遥控,这些功能的实现均需要遥控指令的数据流从地面站经通信上行链路到无人机。

(2)无人机状态信号的传输。

无人机在执行任务过程中,地面控制站要实时监控飞机的飞行状态,这就需要无人机上的各种状态信息能够及时传回给地面遥控站,低容量的下行链路完成这些数据从无人机到地面的传输。

(3)机载任务设备收集的信号传输。

从雷达视频或红外传感器上得到的大量数据或视频信息必须及时地从机上发回到地面遥控站,宽频带的下行链路传输率相对较高,可以完成信号传输。

(4)无人机方位的测量。

数据链路也可用于测量地面天线相对于飞行器的距离和方位。这些数据可用于飞行器的导航,提高机载传感器对目标位置的测量精度。同时,这样的情报信息有助于导航及精确测定目标位置。

数据链路如果要在战斗中有效使用,还需具有抗干扰功能,提高地面遥控站操控飞行器的可靠性和稳定性。

3. 数据链路的组成

数据链路是无人机系统的一个关键子系统。无人机系统数据链路能根据要求提供双向通信。图4.32所示为无人机的数据链路在地面进行试验测试时的结构框图,它包括两部分:地面部分和机上部分(如果是侦察机,则需要点画线所框的图像处理系统)。在试验中,地面部分和机上部分用有线电缆或光纤连接,相当于局域网络之间的连接,然后检测两部分之间的数据传输特性,测试通过后,就可以将机上部分装载到飞行器上。

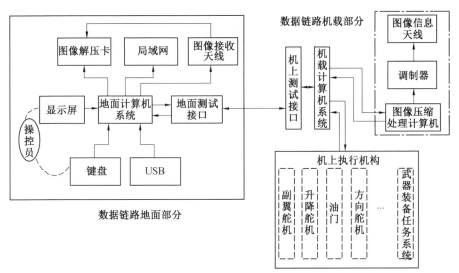

图 4.32　无人机的数据链路在地面进行试验测试时的结构框图

装配了机载数据链路的无人机数据链路框图如图 4.33 所示,它包含机上部分和地面部分,这时两部分之间的数据传输通过无线传输。数据链路的地面部分又称地面数据终端(Ground Data Terminal,GDT),该终端包括一副或几副天线、数字无线电台(包括射频接收机和调制解调器)、地面计算机系统等。若机上任务系统的传感器采集到的数据是图像数据,则在传送到地面数据终端之前,要经过专门的图像处理设备进行压缩。图 4.33 中数据链路机载部分点画线所包围框图即图像处理设备。地面数据终端在接收这样数据时,还需采用图像解压处理器对数据进行解压缩,图 4.33 中数据链路地面部分的点画线所围框图即地面图像接收电路框图。

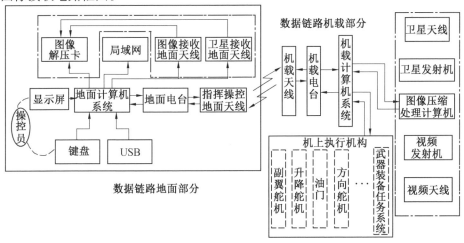

图 4.33　装配了机载数据链路的无人机数据链路框图

地面数据终端产物示意图如图4.34所示,它是一个微波电子系统并带有天线,可以分装成几个部分。地面天线是一辆天线车(可以放在离无人机地面控制站有一定距离的地方),地面站的计算机系统及其地面控制站中的若干处理器和接口都包括在地面站中,数字调制电台包含在RF子系统中,还有一条连接地面天线和地面控制站的本地数据连线。

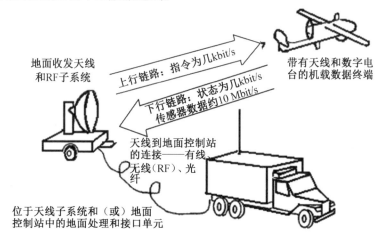

图4.34　地面数据终端产物示意图

地面数据终端在地面遥控站与飞行器之间提供视距通信,有时通过卫星提供。它可以与地面遥控站方舱部署在一起,或是有一段距离(天线发射的电磁波容易被截获,成为攻击的对象,故地面站要离开发射天线一段距离)。地面终端传递控制指令及控制有效载荷的命令,接收无人机飞行状态信息(如高度、速度、方向等)及任务有效载荷传感器数据(如录像图像、目标距离、方位线等)。

空中数据终端是数据链路的机载部分,包括机上接收天线、机上数字电台、视频发射机、机载计算机等。机载的数据终端与地面数据终端的结构组成基本一致,只是机上计算机要控制飞行器上的执行机构工作或控制任务设备工作。有些无人机系统的机载数据终端在传输图像信息时要加装机载的图像处理传输设备。为满足机载传感器回传给地面数据的带宽限制,要进行图像压缩处理,然后经视频发射器通过天线发送给地面站的接收装置。天线采用全向天线,有时也要求采用具有增益的有向天线。相应的图像处理传输设备包括图像压缩处理机、发射机、天线等。传输的距离在视距范围内,用视频发射机和视频天线;传输的距离超过视距范围,就要用卫星发射机和卫星天线通过卫星这个中继站进行中继通信。

在地面站与飞行器之间进行双向通信,通信链路分为上行链路和下行链路。上行链路(又称指挥链路)的带宽为几百到几千赫兹,提供对无人机飞行控制及对其有效载荷下达指令。无论地面站何时请求发送命令,上行链路都必须保证能随时启用。但在飞机执行前一个命令期间(如在机上自动驾驶仪的控制下,飞机从一点飞到另外一点的飞行期间)。

下行链路提供两个通道(可以合并为单一的数据流):一条状态通道(又称遥测通道)用于向地面站传递当前的飞行速度、发动机转速及机上设备状态(如指向角、高度)等信息,该通道需要较小的带宽,类似于指挥链路;另一条通道用于向地面站传递视频和任务系统的传感数据,它需要足够的带宽以传送大量的传感器数据,其带宽范围为 300 kHz ~ 10 MHz。下行数据链路一般连续传送信息,有时也会临时启动在传送机上暂存的等待发送的数据。

数据链路可以通过测定无人机相对于地面站天线的方向和距地面站的距离来测量无人机的位置。

4. 参数指标

无人机数据链路的参数主要包括数据链路的作用距离、数据传输率和抗干扰能力。

(1) 作用距离。

数据链路的作用距离是指无人机数据链路的有效数据传输距离。无人机的任务需求不同,则无人机的工作距离不同,数据链路的有效传输距离也不同。根据信号的传输距离不同,主要分为视距数据传输距离和超视距数据传输距离。

(2) 数据传输率。

数据传输率是指在协议标准下单位时间内无人机数据链路数据发送和接收的能力。数据传输率是需要权衡考虑的一个因素:数据传输率高,传输的数据时间延迟较小,地面设备可实时监控和遥控飞行器;数据传输率低,则时间延迟较大,监测及遥控的误差大。

机载处理器采用先进的电子技术,可大大降低必须传送的数据量。控制环路和系统软件的合理设计可以控制由数据传输率降低造成的延时,也能以较低的数据传输率保证任务的成功执行。

(3) 抗干扰能力。

数据链路在存在干扰的情况下保持正常工作的能力称为抗干扰能力,又称抗干扰度。抗干扰能力是无人机数据链路系统的重要指标,它描述的是在最恶劣的干扰环境下对数据链路的保护能力。无人机数据链路系统的信道环境非常恶劣,既面临有意或无意的各种电磁信号造成的严重干扰,又存在电波多径反射引起的明显影响。

抗干扰度一般用数据链路的抗干扰系数来衡量。数据链路的抗干扰系数就是该数据链路能忍受的干扰信号功率的大小,其值为致使工作环境恰好下降到不能接受的水平时的干扰功率,一般由数据链路的最大误码率确定。

根据上述参数指标可以将无人机数据链路按照工作能力大致分为以下

几类。

① 简单数据链路。

a. 具有抗非人为干扰能力。

b. 对反辐射武器进行适当防御。

c. 能进行传感器数据的远程地面发布(无抗干扰要求)。

d. 视距距离的几何抗干扰能力低(仅依赖天线增益)。

e. 由无处理增益的下行链路来传送高速数据。

② 中等复杂数据链路。

a. 有抗干扰能力的上行链路。

b. 能抗欺骗性干扰并防止情报被利用。

c. 数据传输率为 1 ~ 2 Mbit/s,远距离下行链路具有中等的抗干扰系数。

d. 具有低截获概率的上行链路。

e. 能可靠传输视距距离范围内的导航数据。

③ 复杂数据链路。

数据传输率为 10 ~ 20 Mbit/s,超视距距离的下行链路具有高的抗干扰系数。

一般在军用无人机中,由于作战的特殊需要,因此数据链路要求具有抗干扰、低截获概率、抗欺骗性等特征。

5. 特征

如果一个无人机数据链路在特定的测试距离和严格控制的条件下使用,那么一部简单的收发信机就够用了。即使有一些其他同频段发信机的干扰,也可以通过调节其他发信机来克服。经验表明,这样简单的数据链路不能保证其可靠地工作。

在战场复杂电磁环境下工作的无人机数据链路必须有足够高的可靠性,保证在用户需要测试、训练或操作的任何地方(不存在蓄意干扰)能正常工作。无人机系统在战场上面临的各种电磁威胁有引导对地面站实施炮火攻击的测向定位、锁定地面数据终端辐射源的反辐射武器、电子截获和情报利用、电子欺骗、对数据链路的无意干扰和蓄意干扰等。因此,只要经费允许,无人机系统数据链路要尽可能地增加抗击电磁威胁的能力,使其具有足够高的可靠性。无人机数据链路需要具备以下特征。

(1)电磁兼容性。

无人机的飞行器发射功率与大型飞机的发射功率基本一致,甚至比大型飞机的还要大。由于这种大功率的电磁干扰的影响,因此飞行器中的设备和各分系统容易失灵,数据链路的传输能力会下降,对整个系统的影响都较大。机载设备和系统在此电磁环境中仍能正常工作,并且不对该环境中其他设备系统构成不能承受的电磁干扰,即要求有一定的电磁兼容性,保证无人机能够保持正常的工作状态。

(2)频率分配的全球可用性。

专用系统只在一些特定的地方使用,它们使用的频段也只是在特定地方使用的频段。这样的专用系统给无人机的广泛应用带来了限制,尤其是在欧洲很难找到一个能飞无人机的地方。这种专用性还限制了地面站的通用性,增加了装配地面站的成本。

就通用系统而言,欧洲是对频率可用性限制最严格的地方,某些非定制的数据链路(Non-customized Data Link,NDI,即有现货供应的数据链路)采用了和平时期不能使用的频段。但是在平时,军方用户要对数据链路进行测试和训练,在训练时应该使用战时数据链路,解决的办法是用有人驾驶的飞机携带无人机上的设备和数据链路进行训练,使数据链路的应用特性能够体现在平时的训练中。

因此,全球可用性观点对一般军用无人机系统而言是最重要的。一般情况下,要求无人机能够在各种需要的区域正常工作,这就要求数据链路也能在任何地方正常工作,完成测试、训练或操作等内容。

(3)传输系统的抗干扰性。

传输系统的抗干扰性是指即使遇到对上行链路或下行链路无意或蓄意的干扰,无人机系统也能正常工作。

一般情况下,要求无人机数据链路在复杂的电磁环境中不会因干扰而不能正常工作,或者无法正常完成任务。这种复杂的电磁环境包括联合作战环境和多部发信机同时工作的外部环境。在现代战场密集多变的电磁信号环境中,简单的数据链路抗干扰性较差,很难满足要求。通常为避免频率冲突,采用检错码、应答和重发协议等抗干扰技术来提高数据链路对干扰的抵御能力。

无人机数据链路系统还常用直接序列扩频、跳频和扩跳结合的方法来不断提高通信链路的抗干扰问题。

(4)信息传输的抗欺骗性。

无人机数据链路能够识别敌机发送指令或向地面数据终端发送欺骗信息的企图。

事实上,欺骗比干扰的破坏更严重。敌方通过对上行链路的欺骗可获得对飞机的控制权,从而引导飞机坠毁、改变飞行方向或将其俘获。假如敌方能够引导飞机坠毁,那么他们用一个简单的欺骗系统便可以依次欺骗多个飞机。使用干扰手段,敌方要求我方许多设备长时间工作,才能捕获到相应的频段,实施干扰。当干扰对象从一架飞机改变为另一架飞机时,原来受干扰的那架飞机可继续执行任务,对无人机不会造成太大的影响。当飞机接收上行链路的遥控指令时,敌方使用欺骗手段,只要能让无人机接收到敌方一条灾难性的指令就会引导飞机发生危险事件(如关闭发动机、改变数据链路频率、打开降落伞、降低其飞行高度、引导其撞向地面等),所以欺骗可导致飞行器及机载设备的惨痛损失,而干扰一般只是影响其完成任务的好坏。

对下行链路传递的传感器数据进行欺骗需要产生可信的假传感器数据,而这种欺骗可被操控员识别,所以对下行链路的欺骗比较困难。一旦欺骗可以实施,则对下行链路状态通道的欺骗可导致执行任务失败甚至飞机坠毁。例如,一方飞机保持一定高度正常飞行时,另一方实施欺骗手段,干扰下行链路,使地面操控员接收到飞机连续上升的高度读数,这个数据可误导操控员发出降低高度的指令,从而导致飞机坠毁。与向飞机发送一条破坏指令相比,这种欺骗的进行需要敌方耗费更大的精力。

在无人机抗欺骗的措施中,对上行链路的保护更要慎重。例如,美国系列化的战术无人机使用通用地面站,这些无人机采用通用的数据链路和某些通用的指令码就容易被截获从而实施欺骗。数据链路传输的数据采用文电鉴别码和某些抗干扰技术(如采用安全码的扩频传输技术),可使无人机获得抗欺骗的性能。文电鉴别码可由计算机系统软件产生,由机上计算机校验,不需要数据链路的直接参与,所以抗欺骗单元可以在数据链路的外部实现,增强了抗欺骗能力。

(5)信息传输的低截获概率。

信息传输的低截获概率是指处于敌方测向系统的有效频率范围和有效距离之内时,数据链路难以被截获和测向。

为控制飞行中的飞行器,地面站要在较长的一段时间内保持静止不动。敌方能够使用测向装备进行高精度的定位,地面站一旦被敌方确定方位,就容易被敌方的炮火和导弹击中,所以由地面站发送的上行链路必须具有低截获概率。

为提高地面站的生存能力,将地面站配置在离后方较近的位置,或让飞机由多部地面站轮流控制,这样多个地面站就可在不控制飞行器的间隙转移以不断地改变方位,减小被敌方定位的几率。发射天线辐射电磁波,容易被敌方截获,从而根据截获的信息对地面的数据终端进行定位。因此,为尽量减小信息传输的截获概率,将上行链路的发射天线与地面站分开一段距离(如上节所述地面站要远离发射天线),天线与地面站之间用电缆或光纤连接,来传输地面站与无人机之间的通信信号,减小地面站暴露的概率,这样通过降低截获概率,可以提高地面站的生存能力。可以对地面站加装弹道火力防护层来增强防护能力,减小被击中时造成的损失,其代价是增加了车辆的体积和质量,移动不灵活。

在高频段,由于到地面数据终端天线的视线被遮挡,因此上行链路的信号难以被敌方测向装备发现。因为不太清楚敌方使用测向装备对飞机上的辐射源进行定位的价值究竟有多大,所以低截获概率对下行链路来说意义不大。而且由于某些无人机的任务要求在飞机上使用干扰机发出可截获的干扰信号迷惑敌方,因此对无人机系统,低截获概率技术要求不高,又因为其成本较低,故被看作"最好具备"的性能。采用扩频、频率捷变、功率管理和低占空比技术可获得低截获概率。

在执行重要任务时,无人机更需要具备抗反辐射武器和抗干扰的性能。

(6) 数据链路的抗反辐射武器性能。

由于地面站是固定的,其价格昂贵且能辐射信号,因此需要对地面站进行保护,加大抗反辐射武器(Anti-Radiation Missile,ARM) 的攻击难度。抗击 ARM 的措施一般是采用遥控辐射天线和降低上行链路的占空比。理想的情况是:除非需要向无人机发送指令,否则上行链路不发射信号,则上行链路可长时间保持不发射状态。在设计整个系统时,应该使上行链路的使用最少,同时即使某些数据链路没有任何指令要传输,也将数据链路的辐射设计成定时辐射信号,这样数据链路难以被 ARM 锁定,即使被锁定,也能将对地面站的毁伤降到最低。

从其他角度考虑拟采用的低截获概率、频率捷变和扩频技术也可用在这里以提高抗 ARM 的能力。如果来自 ARM 的威胁足够大,还可以采用其他的方法如诱饵来加强对地面站的保护。因为飞行器不易成为受这种武器攻击的目标,所以下行链路不需要考虑 ARM 的威胁。

(7) 信息传输的安全性。

由于信号加密,因此即使被截获也不易被破获。在许多战术应用中,信息传输是需要加密的。敌方不容易对监听截获信息中的欺骗进行破译,所以他们监听上行链路或下行链路的信息没有实际意义。上行链路具有实时处理的特点,它传递的信息在过时之前很难被利用。例如,当敌方获知飞行器刚刚接到控制指令时,做向右转弯并保持相对机身轴线的俯视角的动作对敌方来说没有军事价值,很难被利用。而假如敌方指挥员获知我飞行器的遥控指令,知道我飞行器飞行的新目的地,同时了解该地点的方格坐标或截获下行链路传递的信息,了解我军无人机正在侦察什么目标,则可以据此推测出当前我方指挥员的兴趣所在,这些信息就有一定的利用价值。

4.2.2　传输

1.基本原理

(1) 传输过程。

根据图 4.35 所示无人机数据链路工作框图可以看出数据链路的基本传输过程。

无人机数据链路系统的工作过程为:在上行链路中,地面控制站的计算机系统产生遥控计算机指令,经计算机编码器进行编码,按遥控帧结构形成指令串码

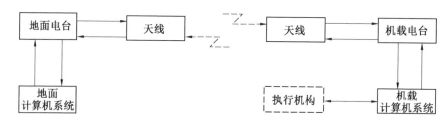

图 4.35　无人机数据链路工作框图

进行加密后加到地面电台,在地面电台中形成基带同步数据,对中频载波进行调制后与本振信号混频,得到(跳扩结合的)上行射频遥控信号。此跳／扩结合(Frequency Hopping/Direct Sequence,FH/DS)的遥控信号经功率放大后加到地面数据链路终端的发射机天线,由天线发出,进入无线数据信道。

无人机机载数据链路终端的天线接收到射频的遥控指令后,加到机载接收机系统即机载电台进行解调,解调后的低频信号传输到机载计算机系统,计算机对所含的遥控信号进行解密,根据指令的要求控制飞行的执行机构完成动作,保持飞行器安全飞行。同时,控制任务系统完成任务动作,这样就完成了上行链路的信号传输。

无人机各执行机构的情况、飞行状态信息及其机载任务系统捕获的信息经机载计算机的处理(如果发回图像信息,则需要进行视频压缩),加到机载电台,经机载电台的调制后,变成射频段能够在数据链路中传输的信号,经机载天线发射至无线信道之中,通过无线电波在下行链路中传输,最后由地面数据终端的接收天线实现数据接收,进行地面电台解调后,输入地面站的计算机系统,进行信号的显示及监测,从而完成下行链路的信号传输。

上行链路传输的指令及下行链路传输的飞行器状态数据带宽较窄,而下行链路传输的传感器数据要求具有非常高的传输速率。有一些无人机系统的命令链路(上行)及飞行器状态链路(下行)共用一条窄带双向链路,带宽仅几千赫兹,而传感器数据则通过一条单独宽带下行链路传输,一般为 300 kHz ~ 10 MHz。这就允许利用临时得到的视频链路进行传感器数据传输,同时需要对命令及状态链路进行方向性、保密性及抗干扰性等性能设计。

(2)发射接收装置。

在数据链路中,地面的发射接收装置与机上的发射接收装置基本一致,都包括电台和天线两部分。

①电台。在数据链路中的电台一般采用数传电台,数传电台是无线数据传输电台的简称。应用电台通过无线电波传递信息已与人类的生活越来越密不可分,从航海、军用、广播电视到移动电话都属于电台的范畴,传输的信息从模拟信息的电码、话音、图像到全部数字化的各种数据流。电波工作的频段从长波、短

波、超短波到微波、红外线和光波,采用的通信技术从模拟调制到数字调制、从单信道到多信道、从常规固定频道到跳频、从单载波到多载波、从频分(Frequency-Division Multiplexing,FDM)到时分(Time-Division Multiplexing,TDM)再到码分(Code-division Multiplexing,CDM)、从窄带64 kHz到宽带几十兆赫兹,采用的器件(技术)从电子管、晶体管、集成电路、单片机、数字信号处理(Digital Signal Processing,DSP)到软件无线电等。

电台的关键技术是调制,调制的目的就是使传输的信息与传输的信道相匹配,即将传输的低频信号加载到高频载波上形成已调信号的过程。先进的调制方式可以在有限的射频带宽内更远、更可靠地传输更高速的数据,调制方式根据调制信号不同分为模拟调制和数字调制。模拟调制分为线形调制(AM)和非线性调制(FM、PM)两类,如第一代大哥大手机、目前许多民用的对讲机、短距离广播通信均采用的模拟调频技术,远距离广播通信(中波)则仍在使用调幅技术。与模拟调制相对应,数字调制分为振幅键控(Amplitude Shift Keying,ASK)、频移键控(Frequency Shift Keying,FSK)和相移键控(Phase Shift Keying,PSK)调制。数传电台一般应用 FSK 法调制,如果在设计过程中有特殊要求,可以采用改进的数字调频法,如连续相位频移链控(Continuous Phase Frequency Shift Keying,CPFSK)、高斯最小频移键控(Gaussian Filtered Minimum Shift Keying,GMSK)等。

a. 模拟数传电台。数据传输最早的应用就是数据遥控遥测。数传电台是指遥控遥测数据用的电台,我国无线电管理部门把223 ~ 235 MHz、821 ~ 825 MHz、2.4 ~ 2.483 5 GHz 等频段指配给数传业务。在 20 世纪六七十年代,只有模拟FM调制技术的音频通信电台,因此数据遥控遥测把1010…二进制的数据流通过单频来代表,如进行 FSK 调制时分别用 1 200 Hz 和 800 Hz 单频来表示二进制数 1 和 0,再把经上述单频调制的信号作为音频信号进行模拟 FM 调制,就实现了早期的数传电台的调制,其本质是预 FSK(或 MSK、GMSK)调制加 FM 调频这样的二次调制。图4.36 所示为模拟数传电台信号调制示意图。模拟数传电台的缺点是速率低、会丢字头、会出现尾噪声乱码、没有其他任何附加功能等。

b. 数字数传电台。随着数字信号处理(Digital Signal Process,DSP)技术的发展,出现了各种用 DSP 实现的数字调制的数字数传电台,其信号调制示意图如图4.37 所示。

图 4.36　模拟数传电台信号调制示意图

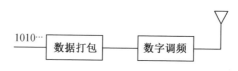

图 4.37　数字数传电台信号调制示意图

　　无人机系统的地面控制站计算机系统输出二进制指令信号到数传电台以后,数传电台首先利用 DSP 进行数据打包,以提高数据传输的可靠性,然后应用数字 FSK 调制,将打包后的数据调制到高频载波上,通过天线发送出去。接收时,天线将接收到的信号送到机载电台,机载电台首先进行 FSK 解调,再进行拆包处理,恢复出原始数据,输出到机载计算机系统,机载计算机系统根据解调出的地面指令控制相应的执行机构工作。

　　利用 DSP 进行数据打包的过程就是将要发送的数据流加发起始标志和结束标志,如果需要,还可以加发数据校验位。一旦在接收端出现错误,可以进行校验修正。数字 FSK 调制时,载波一般是连续正弦波,调制信号为数字基带信号即二进制信号。将要发送的数据流如二进制的数据流 1110010011 加到两种不同的载波上,1 对应载波频率 f_1,0 对应载波频率 f_2(图 4.38)。在此过程中,可以进行调扩频,增强数据链路的抗干扰能力。

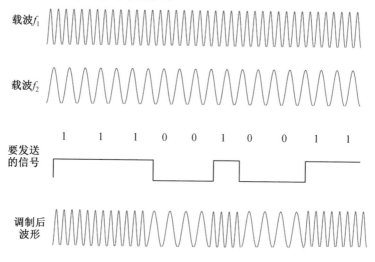

图 4.38　FSK 波形分析图

　　用数字调制的数传电台实现了模拟调制的数传电台不可能实现的高速、高可靠及附加功能。尽管数字数传电台的成本价格远高于模拟电台,但其具有高速、高可靠及远距离传输等明显优势,在无人机系统的应用中,其在一定程度上保证了数据链路的高效、实时、抗干扰性强、保密性好等优点。图 4.39 所示为工作频率为 900 MHz 的数传电台模块实物图,在其模块板上集成了输入数字信号缓冲器、调制器、放大器、滤波器和收发转换开关等。该电台应用 CPFSK 调制法，传输速率为 19 200 B/s，不丢字头，不乱码，高效可靠，使得无人机的无线遥控遥测更实时高速、安全可靠、灵活方便。地面电台内部结构框图如图 4.40 所示。

图 4.39　工作频率为 900 MHz 的数传电台模块实物图

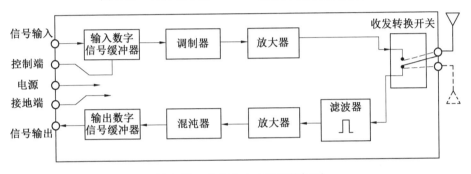

图 4.40　地面电台内部结构框图

在电台内部有两路信号通路：一路由计算机系统输入的低频信号进入数字信号缓冲器，经调制器调制得到的射频信号，经放大后输到发射天线输出；另一路可将天线接收的射频信号进行滤波、放大、混频，得到低频信号，经输出数字信号缓冲器输出。如果只有一幅天线，则发射、接收的转换需要通过收发转换开关与天线相连；如果有两副天线，如图 4.40 中虚线所示，则发射、接收部分直接与相应的天线相连，完成数据传输。

② 天线。一副理想化的全向天线能在各个方向上均匀地辐射能量，因此天线周围环绕全向点源的球面上各处所接收到的功率相等。但有时不希望在各方向上进行均匀辐射，而要把辐射的能量集中在一个特定的方向上。

天线的方向图是表示离开天线等距离而不同方向的空间各点辐射场强（或能流密度）的相对关系图。由于天线定向地辐射电磁能，因此在距天线等距离的球面上各点得到的辐射场强（或能流密度）是不相等的，它在空间的方向图可用一个立体图来表示。取各方向射径的长度正比于该方向的辐射场强（或能流密度），并将端点连成曲面，就得到极坐标形式表示的天线在空间的立体方向图，如图 4.41(a) 所示。

为便于使用，通常将立体方向图在水平面和垂直面切开，便得到用两个平面来表示天线方向性的平面方向图。图4.41(b)所示为水平方向图,图4.41(c)所示为垂直方向图,图中实线表示场强,虚线表示能流密度(即单位时间垂直通过单位面积的电磁波能量)。由于能流密度与场强的平方成正比,因此能流密度的方向图要窄一些。

为便于比较,场强和能流密度均以最大辐射方向为准取其相对值,所以图4.41(b)和(c)是相对方向图。在相对场强为0.707处所对应的能流密度为0.5,即半功率点。

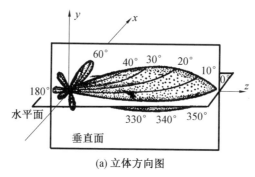

(a) 立体方向图

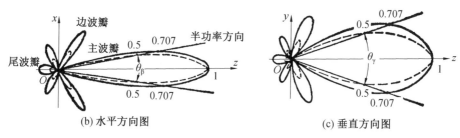

(b) 水平方向图   (c) 垂直方向图

图4.41   定向天线的方向图

天线增益的定义是天线在某方向上产生的功率密度与理想点源(即在所有方向上的辐射强度相同)在同一方向上产生的功率密度的比值。当辐射功率集中在小于半球的区域,增益则相应增大。无论是发射天线的增益还是接收天线的增益,天线增益都可等效地增大发射机的辐射功率。增益同时表达了天线辐射电磁波的集中程度和辐射的有效程度,所以它能更完善地说明天线的特性,因此更多地用增益来表示天线的方向性。

在无人机应用中,通常希望尽可能提高地面天线及飞行器上的天线的增益,以便飞行器可以使用低功率的发射机,这也可增大系统的抗干扰能力。大增益一般需要大天线,且方向性天线必须指向正在与之保持通信的地点。在地面上比在飞行器上更容易满足对高增益天线的大小及指向的要求。

如果数据链路工作在较高的频段,则为得到较宽的频率范围或获得抗干扰系数,一般采用易操纵的中等增益天线。一般易操纵机载天线必须伸出飞机机身,这样在回收时容易损坏天线。单副天线无法满足飞行器全方位机动的需要,所以至少需要2副天线(1副背天线和1副腹天线)。如果接收天线与发射天线分开,那么可能需要更多的天线覆盖盲区。因此,模块化集成导航通信系统在"天鹰座"上采用了3副发射天线和2副接收天线。

无人机系统中有三种类型的常用天线:刀形天线、抛物面反射天线和引向天线(八木天线)。其中,抛物面反射天线是半波振子,其方向性强,多用于机载;而刀形天线和引向天线在地面上普遍应用。

a. 刀形天线。刀形天线外形图如图 4.42(a) 所示,其外形像一把刀,向机身后侧倾斜,形成一个流线型结构以减小迎风阻力。天线一端的四周用法兰盘固定在飞机的蒙皮上。刀形天线的长度为 $l = \lambda/4$,它的方向图与 $\lambda/4$ 对称振子相同。刀形天线沿 Z 轴方向放置在空间立体直角坐标系的坐标原点,它在空间产生的立体方向图如图 4.42(b) 所示。xOy 水平面上的方向图如图 4.43 所示,其是一个圆,即在垂直刀形天线的轴线方向上均匀辐射。而在平行于刀形天线轴线方向上,其辐射的方向图与 ∞ 的形状基本一致(图 4.44),即在刀形天线的轴线上无辐射场,在垂直刀形天线的轴线方向上辐射场最大。这种天线体积小、质量轻,符合机载天线的质量要求。当无人机需要全向辐射数据信号时,可用这种刀形天线。

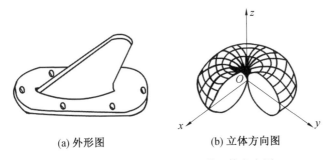

(a) 外形图　　　　(b) 立体方向图

图 4.42　刀形天线外形图及其立体方向图

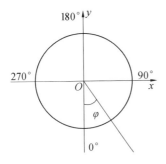

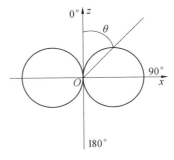

图 4.43　xOy 水平面上的方向图　　　图 4.44　垂直面上的方向图

b. 抛物面反射天线。图 4.45 所示为抛物面天线实物图,抛物面反射天线可设计成相对廉价的高增益天线。

这种天线能产生只有几度宽的波束,抛物面可把平行光线聚焦于一点,聚焦的点称为焦点。如果辐射源置于抛物面的焦点,那么能量将被从抛物面反射成波束。系统采用抛物面反射天线产生窄波束时,要求频率高(或波长短)、天线直径大。频率为 10 GHz 时,波长是 3 cm。30 in 直径的天线可产生 2° 宽的波束(图4.46)。

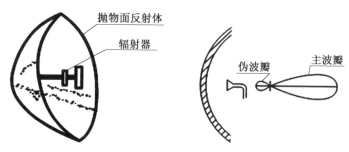

图 4.45　抛物面天线示意图　图 4.46　旋转抛物面天线的方向波形图

c. 引向天线。引向天线又称八木天线或波道天线。它是由一至两根有源振子和多根无源振子组成的定向天线,所有振子都平行地固定在一根金属杆上(图4.47)。

引向天线利用一根有源振子及多根无源振子密集地平行排列在一根金属支架上。其中,一根振子比有源振子稍长并置于有源振子之后,称为反射振子,对有源振子辐射的电磁波起反射作用,将辐射电磁波的波束反射到远离反射振子的一侧,形成单侧的辐射波束(图4.48)。其余的寄生振子称为引向振子,比有源振子短且置于有源振子之前,振子间相距约 $0.1\lambda \sim 4.4\lambda$。引向振子将天线辐射电磁波引到引向振子一侧,振子越多,波束越窄,天线的方向性越好。经过反射天线的反射和引向天线的引导,八木天线形成图 4.48 所示的辐射波束,其方向性好且增益高达 20 dB。

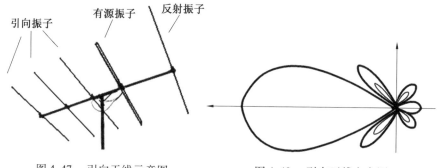

图 4.47　引向天线示意图　　　图 4.48　引向天线方向图

无人机与地面数据终端的信息传输必须通过电磁波传播,收发设备根据采用的频谱信号的不同而不同。

2. 电磁传播

地面站与飞行器之间的通信是通过数据链路实现的,数据链路可利用射频传输,也可利用光缆传输。

光缆具有带宽极宽、安全及无法干扰等优点,但光缆传输的成本高,光缆使用后通常无法回收再用,所以大多数无人机系统都要使用射频数据链路。使用光缆的情况是:超短距离的观察系统,如从舰上发射的旋转翼无人机,这种无人机由军舰控制,为雷达或光电传感器提供高度优势。短距离的攻击无人机也使用光缆传输数据,但这种无人机更像是光纤制导的武器系统。

射频数据链路应用电磁波传输数据。电磁波的特性有频率、波长、极化,它以光速即 3×10^8 m/s 传播。波长与频率的关系为

$$f = \frac{c}{\lambda} \tag{4.7}$$

在频谱的射频部分,人们习惯于用频率来描述电磁波,且频率和波长在表述时常常混用。正是电磁波的频率(或波长)影响着天线的外形、大小及设计,也影响着电磁波在发射机与接收机之间介质中的传播能力。

无线电的电磁波频谱如图 4.49 所示。

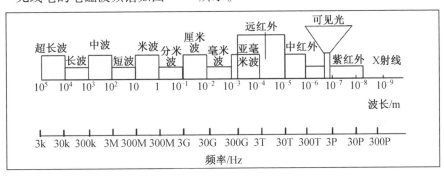

图 4.49　无线电的电磁波频谱

无线电波包括超长波、长波、中波、短波、米波、分米波、厘米波、毫米波、亚毫米波。由于无人机机载设备的特殊要求,因此必须保证机载天线的尺寸要小,符合无人机的整体尺寸,天线的质量要轻。要实现信号在空间传输,就必须保证天线的尺寸与天线发射电磁波的波长在同一个数量级,所以无人机上数据链路工作波段应在米波以上。当然作为靶机,可以在尾部拖一根钢缆作为天线,这时可工作在中波波段。

对于机上的其他机载仪表电子设备,它的工作频率要符合民用航空技术标准规定的频率范围。

射频信号在靠近地面的大气中传播时,会有各种因素影响电磁波的损耗。影响数据链路信号传播的因素有传播路径中的阻碍、大气吸收和雨滴损耗。

(1)传播路径中的阻碍。

电磁波一般按直线传播,但是简单的直线传播模式会因为各种效应而改变,这些效应包括:由大气密度变化引起的大气折射指数的变化;由在发射机与接收机连线附近而非连线上的障碍物引起的绕射;波长足够长时,在由大气的若干分层和地球表面组成的"波导"中的复杂通道及多重传播。最后一种效应在波长较长时可实现超远距离的通信,但波长过长不适用于大多数数据链路。

通常,超过几个吉赫兹(1 GHz = 1 000 MHz)的频段只适用于视距通信。视距通信要求发射机与接收机的直线连接线上无障碍物。少量的大气折射使得在这些频段的电波沿水平方向产生轻度的弯曲。如果地球可以看作光滑的球体,那么一般将地球的半径取值为原有半径的4/3即可实现对折射的校正。这说明实际存在的地平线对电波产生了轻度的折射。对折射的校正适用于海平面,因为海面可近似地看作光滑地面。

对于陆地上工作的数据链路来说,光滑球面模型不是有限的地平线所限制的视距范围的主要原因,而位于数据链路传播路径下方的高地起了决定性的作用。在这种情况下,就存在绕射效应。绕射效应要求在直线传播路径两边的一定区域内无障碍物,这个区域的大小取决于信号的波长。影响绕射情况可根据菲涅尔区确定。菲涅尔区定义为垂直于电波传播方向的平面内的一组圆。在这个圆的范围内有障碍物,电磁波就不能够发生绕射现象。

电磁波的菲涅尔区如图 4.50 所示,对于正在传播的电磁波束,当与天线的距离远大于天线尺寸时,电波从发射点 T 出发,绕过菲涅尔区的边缘,传播到接收点 R 的传播路径距离减去电波从发射点直接传播到接收点的路径距离,等于信号半波长的整数倍。满足路径 TBR 与路径 TAR 的差为 $n(\lambda/2)$ 的点的轨迹是以发射点和接收点为焦点的狭长椭球面。在该椭球中不存在任何障碍才能保证"无障碍"传播。

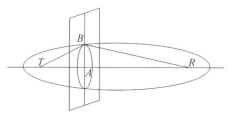

图 4.50 电磁波的菲涅尔区

推导第一菲涅尔区的半径:假设障碍物出现在传播路径的中点,根据路程差等于半波长的整数倍、三角关系及中点关系,可以推出 $r = 0.5(\lambda R)^{1/2}$,其中 R 为发射点到接收点的距离。当 $R = 50$ km 时,同时要求障碍物至少距直接视线 $0.6r$。大部分数据链路工作在厘米波段或毫米波段,所以利用离视线 100 m 左右的开阔场地可确保无障碍视线传播。

人们已经发现传播路径必须与障碍物保持某一距离,才能使第一菲涅尔区的 60% 能量绕过障碍物。在中等频率的频段(低于 1 GHz)范围,绕射效应是最重要的,绕射可实现超视距通信。在这种情况下,波束可绕射传播,绕过山丘等障碍物到达山丘背后的山谷。

(2) 大气吸收。

大气中的各种分子都能够吸收部分信号能量。在数据链路常用的波长范围内,水蒸气和氧分子是主要的吸收源。在频率达到约 15 GHz 时,这种吸收变得很小。应该说明的是,在更高的频段上,大气吸收会变得更严重,特别是在 95 ~ 120 GHz 的频段(称为"大气窗"),大气吸收会成为限制数据链路通信距离的一个因素,这种吸收也妨碍了数据链路使用大气窗之外的频率(极短通信距离除外)。

(3) 雨滴损耗。

在高于约 7 ~ 10 GHz 的频段,传播路径中的雨滴引起的损耗是不能忽视的;在低于约 7 GHz 的频段,对于数据链路覆盖的所有通信距离来说,由大雨引起的损耗也不超过 1 dB。这时,雨滴损耗的大小取决于信号频率和波束的仰角,较高的仰角可使波束在较短的距离内"爬升"到雨区之上,从而降低总的损耗。典型的无人机数据链路用于长距离通信时,一般具有低仰角,这使得传播路径的大部分处在雨云之中。在这种情况下,在 15 GHz 处由暴雨引起的损耗对于同样条件下在 10 GHz 处雨滴损耗超过 30 dB,因此这种损耗是不能忽视的。

3. 数据链路的抗干扰能力

在现代战争的复杂电磁环境中,数据链路的抗干扰能力尤为重要。要想增强数据链路的抗干扰性能,应主要从发送和接收时信号与干扰的能量角度分析。谁的能量大,谁的信号幅值就大,容易被接收。如果干扰信号强过传输的信号,那有用的传输信号就受到严重的干扰,甚至被淹没。因此,衡量数据链路质量好坏的一个重要指标是它的抗干扰能力。

(1) 抗干扰系数。

衡量抗干扰能力的一个重要参数是抗干扰系数,即该数据链路能忍受的干扰功率的大小,也就是致使工作环境恰好下降到不能接受的水平时的干扰功率。有以下三种方法可以提高数据链路的抗干扰系数以提高抗干扰能力。

① 增加发射功率。增加发射功率是克服干扰的最基本的途径。增加发射功

率,使干扰信息的功率远小于无人机与地面站之间的信号功率,就能有效地抑制滤除干扰信息。无人机系统中下行链路的发射机就充分利用了这一抗干扰手段,达到抵消干扰的目的。地面发射机的上行链路发射的功率较小,但产生功率仍能与干扰机的调制功率相匹敌,起到抗干扰的作用。

② 天线增益。定向天线具有天线增益,能够提高数据链路的抗干扰系数。采用前面提到的刀形天线、抛物面天线和引向天线,将辐射能量集中到一特定的方向 —— 接收天线的接收方向上。这类似于手电筒发出的光柱,如果将手电筒的球型灯泡直接连接到电池上而不采用发射罩,那么光线就会向所有方向辐射,这样即使在 2 m 的距离内也不能获得足够的照明。 若将天线加装反射器或透镜,大部分光线就能集中起来,形成窄的光束,此光束可在较远处产生亮点。

无人机的天线增益增强了数据链路总的抗干扰系数。在发射端定向天线发送波束,将信号能量尽量集中到波束范围内,对准接收天线的波束方向,这样天线输出的有效辐射功率(Effective Radiated Power,ERP) 就等于天线实际辐射的功率乘天线增益。无人机能够携带的小天线一般都有 10 dB 的增益,使得 ERP 增加了 10 dB。对于波长较短的地面发射机,需要采用增益超过 30 dB 的天线,将发射机的天线对准接收机的接收方向,天线增益增大了天线的抗干扰系数,这就要求发射天线能够通过转动来跟踪接收天线的方向并发出方向跟踪指令。

为增大干扰效果,干扰机也采用定向天线。干扰机很难确定对方接收机的精确位置,要干扰对方,干扰机不能使用波束很窄的天线,只能使用足够宽的波束覆盖所有可能的位置。干扰机天线发射的波束水平宽度为 50°,垂直宽度为 10°,具有约 18 dB 的增益,在干扰机的发射端很容易获得与无人机下行数据链路同样的天线增益。因此,接收系统如何分辨信号和干扰信号至关重要。

用于接收的定向天线依靠来波方向区分信号和干扰信号,使用高增益天线时信号与干扰之比的图示如图 4.51 所示。

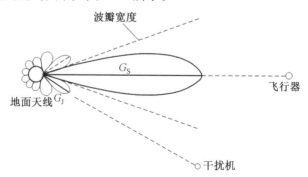

图 4.51　使用高增益天线时信号与干扰之比的图示

如果接收天线对准了地面的数据链路发射机,那么机载接收天线接收到的数据链路信号来自天线主波瓣的能量,即图中的 G_s。如果干扰信号落在天线主瓣的外面,则最多干扰信号也只能获得天线某一旁瓣的增益 G_J,这样信号按比例 G_s/G_J 得到加强,比例因子 G_s/G_J 由干扰信号的方向和接收天线的旁瓣结构决定。

信号能否与干扰信号区别开的关键在于干扰信号是否落在接收天线的主瓣之外。如果干扰信号落在接收天线的主瓣之内,则信号与干扰还会有些不同,可以区分但差别较小。如果天线发射信号与干扰信号刚好处在同一方向上,则这种差别比干扰信号在旁瓣的情况要小得多。如果干扰信号方向与天线发射信号方向间的夹角趋于零,这种差距就很小了,几乎可以忽略,区分也有困难。

为在接收天线端通过角度区分信号和干扰,进而获得高的抗干扰系数,数据链路必须具有瞄准工作模式,即接收天线能指向来波方向。如果通信终端中的一个在地面,那么依赖于机载终端高度的数据链路视距就会受到限制。

在数据链路中,一般忽略接收天线的旁瓣结构,并假定干扰信号落在主瓣之外,有时是第一旁瓣或第二旁瓣之外,这时可以用接收天线的增益来提高抗干扰系数。这里,主瓣可由图 4.51 所示的波瓣宽度来定义。这样,抗干扰系数的增量值表述为主瓣的峰值增益与落在指定波瓣宽度之外的最高旁瓣的增益之比。

在实际应用中,采用带有可抑制信号的旁瓣和可调节的零接收点(可对准干扰信号的方向)的天线,可进一步区分信号和干扰。这些技术能降低旁瓣的增益,减小有效的波瓣宽度,使信号与干扰之比达到特定的要求。

在数据链路的可应用条件下,地面天线端的有效信号与干扰之比能达到 45 ~ 50 dB。在达到 50 dB 时,可能会产生因多径传输和天线的小缺陷而造成的干扰信号能量泄漏进入天线主瓣的问题,这就限制了抗干扰系数的进一步提高。

机载天线一般不能通过增大尺寸来获得高增益。载波频率为 15 GHz 时,载波信号的波长为 2 cm。采用 8 cm 天线,其直径也只有波长的 4 倍,峰值增益的理论值约为 21 dB,这样的天线对于典型小型无人机来说可跟踪转动天线的尺寸略显大。由于无人机表面的反射可造成信号偏轴泄漏进入天线主瓣,因此在高频段机载系统中采用可调节的零点技术来改善信号干扰之比,这样处理会增加许多成本。

在低频段很难获得高的天线增益。当载波频率为 5 GHz 时,波长为 6 cm,采用 10 cm 天线,其直径也只有波长的 1.7 倍,而天线增益不到 14 dB。若保持在 5 GHz 频率处地面天线的增益与 15 GHz 频率处的增益相同,则天线尺寸将增大到原来的 3 倍。

③ 提高处理增益。为提高数据链路的抗干扰系数,可以提高链路的处理增益。处理增益是指将干扰能量扩散到数据链路信号带宽之外,信号相对于干扰

增强。

处理增益的表达式为

$$处理增益(dB) = 10 \lg(传输带宽 / 信息带宽)$$

为提高处理增益,可采用多种技术方法。

在传输之前对数据链路要传送的信息进行编码,按某种方式增加传输带宽。在接收端接收到的宽带通过解码来恢复原来的信号带宽,这样处理可以实现对信号的增强,提高处理增益。干扰机无法采用与数据链路相同的编码,它必须扩展频带,将经过人工扩展后的传输信号带宽全面覆盖进行干扰。通过编码扩展带宽的方法能防止干扰机将干扰能量集中到原来的数据链路信号带宽内,有效地降低干扰的影响。提高处理增益可通过直扩通信的方式(图4.52)。

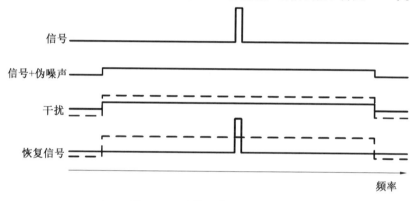

图4.52　直扩通信的处理增益

要传输的信号频带很窄,直扩通信是对原信号加伪码调制以增大传输带宽。信号加伪噪声的带宽增加了,每单位频率间隔内的功率就降低了。这个扩展后的信号加伪噪声通过数据链路进行传输。干扰机发送的干扰信号必须覆盖整个扩展频带,如果干扰机的发射功率比数据链路中扩展信号的发射功率更大,则在整个扩展频带内的信干比小于1。数据链路的接收机能够识别在发射端添加的伪码调制的形式,接收到扩展信号后,去除接收信号中的伪码调制,恢复原始信号带宽,图4.52中的恢复信号与发射的原始信号波形和带宽基本一致,接收机去除原始信号带宽之外的所有干扰能量。在未扩展之前,干扰信号用很窄的带宽就能覆盖住原始信号,干扰能量主要集中在原始信号的带宽之内。信号加伪码调制扩展之后,由于干扰能量必须扩展到整个传输带宽,因此原始信号带宽内的干扰能量大大减少。

直扩通信的优点是其传输信号非常像噪声,因此难以被截获和测向。它的缺点是产生直扩信号所用的调制码速率非常大,比下行链路的信号带宽还要宽,整个射频系统必须能够适应宽频带宽。

提高处理增益的另一种方式是跳频通信,跳频波形图如图 4.53 所示。

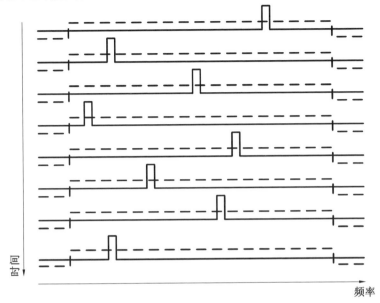

图 4.53　跳频波形图

在任何传输瞬间跳频通信的信号都是正常的未扩展的信号,而其载波频率按照伪随机序列跳变。敌方干扰机不知道跳频频段的变化规律,不能按跳频规律实时工作,那么它必须干扰跳频工作的整个频段,这就增加了干扰机的工作带宽。无人机系统的接收机在设计时能识别跳频规律并能自动改变频率跟随上载波的跳频值,所以接收机能在正确的载波频率上按匹配带宽接收未扩展的信号。干扰能量必须扩展到跳频规律中包含的整个宽频带,干扰能量在整个宽频带内平均分配,接收机能够抑制信号带宽之外的所有干扰能量,即减小了干扰机的功率能量。处理增益同样由信号带宽与传输带宽的比决定,这里传输带宽是指系统频率跳变的带宽,其结果与直扩通信信号基本相同。

跳频分为两类:一类是慢跳频,与电子系统处理数据和切换工作模式的速度相比,慢跳系统以相对较低的速率改变频率,慢跳系统的跳频速率一般为每秒 1 ~ 100 跳,在几个毫秒内能检测到新的信号频率并重新设置干扰频率的干扰机,可以干扰破坏慢跳数据链路传输的大部分信息;另一类是快跳频,即跳频速度高于信息比特率,通常一个信息比特需要多跳来传输。

与侦察和干扰系统截获处理信号并做出响应的最大速率相比,快跳系统的跳频速率还要高一些,如快跳系统的跳频速率是 10 kHz 或更快一点,如果要干扰数据链路每个信号频率的大部分驻留时间,频率跟踪式干扰机就只有几个微秒的时间来检测频率跳变、测量新频率,并设置干扰频率。

任何瞬间来自跳频系统的信号都落在正常的带宽内，而敌方侦察接收机不知道某一时刻的信号频率，只能采用宽带接收。即使敌方侦察接收机能锁定某一频率并等待下一次因频率跳变而再碰到的相同频率，也很难利用偶然截获到的一小段信号来捕获整个跳变的频率范围。显然，跳频的速率越快，越难以被截获和测向。

由于跳频速率比直扩信号的调制码速率低得多，而且所需要的射频瞬时带宽也窄得多，因此跳频数据链路要比处理增益相同的扩频数据链路实用。射频系统能够在比较合理的扩频瞬时，在带宽更宽的频带内执行跳频，故采用跳频技术可获得更高的处理增益，而且对慢跳系统进行有源天线的增强（如旁瓣抑制）更容易一些。与直扩通信技术相比，慢跳频技术的弱点主要是较容易被截获、被测向定位、被跟踪式干扰机干扰。如果跳频速率足够快，跳频系统就会变得不太容易被截获、被测向定位、被跟踪式干扰机干扰，但其价格和复杂性方面的优势也会大大降低。

从本质上讲，跳频系统能够对抗非故意干扰。遭遇非故意干扰时，跳频系统从被干扰的频率点上跳开，使得这种干扰只能断断续续地进行。跳频系统一般都被设计成具有跳频规律方案的编辑功能，利用该功能避开可能出现非人为干扰的频率点，防止数据链路遭遇干扰。若用于训练，则可以通过程序控制使跳频系统停止跳频或在某个严格限制的频段上跳频，从而对数据链路的工作无任何影响。

在美国和欧洲等国家和地区，使用抗干扰无人机数据链路的典型频带和跳频范围的直扩系统和跳频系统已进行了频率分配，这样在平时和战时就不会从根本上妨碍任何一种数据链路的工作。频率管理过程是将每一个特定数据链路看作一个独立的个体，保证该频段适用于基本的无人机数据链路且适用于扩频通信。

注意，抗干扰系数是一个简单数值，只代表一种逼近，可用于粗略比较和一般讨论，但不可能在任何情况下都很准确。如果需要精确估计抗干扰性能，那么应该对每一特殊的应用场合预先给出实际信号和干扰功率的估算，并给出最终的信噪比。

（2）数据链路干扰几何关系。

数据链路在某一特殊时刻是否能被干扰，取决于数据链路的抗干扰性能、干扰机的干扰性能和在当前时刻数据链路与干扰波束之间的几何关系。一般情况下，飞行器处于相对于干扰机的某些特定位置时，数据链路不会受到干扰；而处于其他位置时，数据链路就会受到干扰。若要精确计算数据链路会受到干扰的位置，需要考虑系统抗干扰系数和特殊应用场合，并给出数据链路和干扰机的功率估算。

① 干扰上行链路的几何关系。如果数据链路使用无方向性天线作为接收天线,那么干扰效果仅依赖于干扰机到接收机的相对距离和数据链路发射机到接收机的相对距离。

在上行链路中,存在某一信干比 $S_0/J_0 = C$ 的值,使得数据链路在信干比 S/J 为 C 时刚好能保持正常工作。若信干比低于此值,则数据链路就会受到干扰。为简化分析,忽略大气衰减和地形对电波传播的影响,则在接收端的信号场强 E 与数据链路发射机到接收机的距离 R_L 成反比,在接收端的干扰信号场强 E_N 与干扰机到接收机的距离 R_J 成反比。图 4.54 所示的干扰几何关系(上行链路在圆型区域被干扰)以无人机上行数据链路为例描述了干扰、发射与接收之间的几何关系。R_L 为地面上的数据链路天线到无人机的距离,R_J 为干扰机到无人机的距离,信干比 S/J 与 R_{L2}/R_{J2} 成反比。提高信干比就消弱了干扰信号。要提高信干比,根据它与距离的关系,就应该缩小无人机系统发射天线与接收天线的距离。

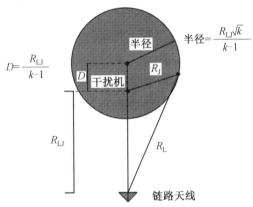

图 4.54　干扰几何关系

令信干比 $S/J = C$ 这个临界值(低于它就不能接受)时对应的 R_L/R_J 值为 k。则当 k 为常数时,点的轨迹为一个圆,其圆心位于地面站与干扰机的连线上,距干扰机的距离为 $R_{LJ}/(k-1)$。其中,R_{LJ} 是地面站到干扰机的距离,其半径为 $(R_{LJ}k^{1/2})/(k-1)$。圆内区域为干扰区域,在该区域内干扰机能对上行数据链路产生有效干扰。

图中还给出了干扰上行链路几何关系的定性描述(采用全向全线)。如果已知对应于某一数据链路和某型号干扰机的 k 值,那么就可以较容易地计算出图中所示的干扰区域。一般计算 k 值需要对数据链路和干扰机的信号强度 E 做全面详细的分析,而分析 E 值在辐射电波中很困难。k 值与抗干扰系数有关,其随着抗干扰系数的增加而增加。圆的半径与 $k-1/2$ 成正比,所以随着抗干扰系数和 k 值的增加,圆半径随之减小,干扰范围相应减小。进行准确分析时,图中的圆变成了环绕干扰机的椭圆,在椭圆区域内,干扰机能对数据链路产生有效干扰。

② 干扰下行链路的几何关系。使用全向天线做接收天线时,下行链路的干扰几何关系如图 4.55 所示。干扰机到接收机的距离 R_J 是固定的,且等于干扰机到地面站的距离 R_{LJ}。对于固定的信干比 $S/J = C$,要求干扰距离与链路距离的比是固定的,这样链路距离 R_L 也必须是固定的。数据链路在以地面站天线为圆心的圆内能够正常工作,在圆外将受到干扰。如果下行链路的发射天线具有高增益,那么这个增益使得圆变大,即不受干扰机干扰的范围增大,但不会改变干扰区域的形状。

如果在地面站数据链路的终端采用高增益天线以抑制与无人机不在同一方向上的干扰,那么下行链路的干扰几何关系将发生变化,采用高增益地面天线下行链路中干扰几何关系如图 4.56 所示。如果干扰信号落在接收天线的主波束内,则只有无人机位于以地面站为中心的圆内时,数据链路才能正常工作,该圆的大小依赖于数据链路和干扰机的性能参数。如果无人机远离地面站天线和干扰机的连线,以使干扰信号落在接收天线的主波束之外,数据链路就获得了与主波束增益相等的附加抗干扰系数。图 4.57 中干扰信号落在主波束之外,数据链路正常工作。因此,在一楔形区域中的下行数据链路被干扰,这个楔形以地面站与干扰机间的连线为中心轴线,其顶角等于地面天线的主瓣宽度,而且在楔形与以地面站为中心的圆相交形成的区域中,没有天线增益提供的抗干扰系数的支持,数据链路也能工作。

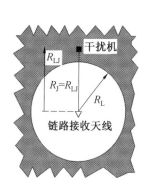

图 4.55　下行链路的干扰几何关系

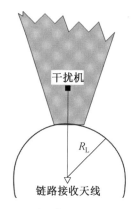

图 4.56　采用高增益地面天线下行链路中干扰几何关系

③ 多部干扰机的几何关系。部署几部干扰机,形成图 4.57 所示多部干扰机的几何关系。图中无人机的下行链路配备了高增益的地面天线,以对付下行链路的两部干扰机建立楔形有效干扰区;上行链路配备了全向天线作为接收天线,以对付上行链路的一部干扰机建立椭圆形有效干扰区。如果有足够多的干扰机用于干扰下行链路,那么由一系列楔形组成的总干扰区将变得足够大,从而大大

降低无人机执行任务的效能。这些楔形区域超过了数据链路的最大通信距离。

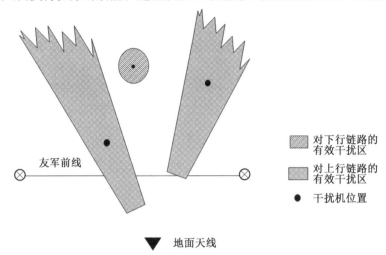

对下行链路的
有效干扰区

对上行链路的
有效干扰区

● 干扰机位置

▼ 地面天线

图 4.57　多部干扰机的几何关系

高增益能有效地提高抗干扰性能,旁瓣抑制和可调节的零点技术虽然可以通过高增益来区分信号和干扰,但是这两种技术主要通过控制天线波束宽度获得抗干扰系数。因此,无人机数据链路需要很窄的波束宽度是使数据链路被干扰的区域最小化的关键。

有一种特殊情况值得讨论,就是采用低增益天线(如八木天线)作为非视距传播信号的接收天线。这种天线的增益约为 10 ~ 15 dB,波束宽度为 50°。这种天线的波束宽度太宽,以至于干扰信号几乎总能落在波束之内,获得与信号同样的增益。因此,低增益天线很难提高数据链路的抗干扰性能,应尽量减少使用。

(3)抗干扰能力的系统分析。

对无人机数据链路的抗干扰能力的系统分析包括工作频率、距离和数据传输率。

对于尺寸相同的天线,高频段波长短的信号容易获得较高的天线增益,提高天线增益是提高抗干扰系数最容易的方法,所以抗干扰能力在高频段较容易获得。高频段的信号从发射机传到接收机按视距传播,这限制了数据链路的通信距离。要增大通信距离,可采用中继设备,但是若采用中继设备,则很难在链路的空 – 空通信阶段使用高增益天线。

对于同样的相对带宽,较高的工作频率使得处理增益也较高。例如,对于 1 MHz 的数据带宽和 400 MHz 的工作带宽,20 dB 的处理增益可以使扩频带宽达到 100 MHz,相对带宽为 25%。当工作在 15 GHz 时,同样的处理增益和扩频带宽仅需要 1.33% 的相对带宽,这是比较容易达到的。

在高频段短距离数据链路的抗干扰能力比长距离数据链路强。短距离数据链路在高频段既可利用天线增益也可利用处理增益提高抗干扰能力,而长距离数据链路只能利用处理增益来提高抗干扰能力。

短距离数据链路的缺点是高频段器件较贵,短距离数据链路仅限于视距传播。

如果一个数据链路不是靠视距传播和高增益天线获取的抗干扰系数,那么这个链路的抗干扰能力与数据传输率之间就存在很大的矛盾。一副高增益天线能为下行链路提供30 dB的抗干扰系数,但要从处理增益中获取同样是30 dB的抗干扰系数,则必须降低数据传输率或增加扩频传输带宽。短距离的视距传输数据链路在中频段能获得足够高的数据传输率,通过采用大尺寸、高增益天线和中等的处理增益可同时获得足够的抗干扰能力。

对于长距离的数据链路,存在以下三种选择。

① 低频、低数据传输率、非视距传播。对于非视距传播方式,必须采用较低的频率,这既限制了能提高处理增益的传输带宽,也限制了可提供抗干扰系数的可用的数据传输速率。

② 高频、视距传播。采用低增益天线和中等数据传输率的中继设备。采用小尺寸低增益天线,就必须将无人机用作中继设备的载体。由于在高频段工作,因此可以采用大的瞬时扩频带宽,也可以采用中等的数据传输率。

③ 高频、视距传播、采用高增益中继天线和高数据传输率。采用大的中继飞机以携带大尺寸、高增益跟踪天线,可获得天线增益和宽频带所带来的抗干扰性能,保证了相对较高的数据传输率和抗干扰系数。

从以下几个例子中可以看到工作频率、距离和数据传输率均衡考虑的结果。

【例4.1】 假定一个数据链路的下行链路有10 MHz数据传输率和40 dB的抗干扰系数。如果数据链路最大通信距离有限,并按视距传输模式工作,则它就能使用增益为30 dB的地面天线,且仅需要10 dB的处理增益。这要求100 MHz的传输带宽,并保持其与任一可用的频段(最低到特高频无线电波(Ultra High Frequency,UHF)频段)相一致(假定这里的频率分配是可用的)。各数值列表见表4.3。

表4.3　例4.1各数值列表

要求的数据传输率	10 MHz
要求的抗干扰系数	40 dB
天线增益	30 dB
处理增益 = 抗干扰系数 − 天线增益	10 dB
传输带宽 = 处理增益 × 数据传输率	100 MHz

【例 4.2】　假定数据链路按非视距传输模式工作,采用全向天线进行长距离传输,则该数据链路需要 40 dB 的处理增益和 100 GHz 的传输带宽,这在任何能进行非视距传输的频率点上都是不可能实现的(实际上这在任何传统射频技术能应用的频率点上是不可能实现的)。可见,要求 10 MHz 的数据传输率和 40 dB 的抗干扰系数与无中继设备的长距离传输实际上是相互矛盾的。各数值列表见表 4.4。

表 4.4　例 4.2 各数值列表

要求的数据传输率	10 MHz
要求的抗干扰系数	40 dB
天线增益	0 dB
处理增益 = 抗干扰系数 − 天线增益	40 dB
传输带宽 = 处理增益 × 数据传输率	100 GHz

实际上,实现长距离传输获得 40 dB 的抗干扰系数的方法是在高频段采用高增益中继天线。40 dB 的处理增益对 10 MHz 的数据传输率来说是不可行的,在这里只能通过天线增益获得抗干扰系数。如果要采用低增益的中继天线,那么天线波束将变得很宽,以至于干扰信号总能落在天线波束之内,使得天线增益不能用于区分信号和干扰。即使数据速率降到 1 Hz,由处理增益提供 40 dB 的抗干扰系数仍需要 10 GHz 的传输带宽,这样宽的传输带宽是不合理的。

如果数据链路的工作方式为双工方式,即在每一端都有一部接收机和一部发射机,则上行链路是在下行链路很短的工作间隙内发送数据,上行链路以类似于下行链路的瞬间数据传输率发送数据,具有和下行链路一样的处理增益。

在双工系统中,上行链路要与下行链路共用地面天线。若天线具有高增益,那么上行链路将从高的有效辐射功率中获益。但干扰上行链路的干扰机会采用高增益的跟踪天线瞄准无人机,这就要求上行链路引入处理增益和有源天线处理(如可调节的零点技术)以获得抗干扰能力。

在双工系统中,上行链路不必与下行链路同时传输,因此可获得高的处理增益,这样较容易为双工系统中的上行链路提供高的抗干扰系数。在双工系统中,上行链路的处理增益类似于下行链路的处理增益。如果处理增益提供的抗干扰系数还不够,则必须通过有源天线处理技术为上行链路提供等价的接收天线增益。

4. 数据传输率

数据传输率是指无人机数据传输的速度,用来衡量无人机数据链路系统的数据发送和接收的能力,这个数值取决于设备、支持标准和环境等因素。由于无人机机载能力等多方面的限制,数据传输的带宽较窄,因此需要降低高速的数据传输率。如何降低数据传输率成为提高无人机数据传输效率的重要技术之一。

(1) 数据压缩与数据截断。

无人机中有控制数据、状态数据、任务系统的传感器探测到的数据和图像数据等。其中,控制数据、状态数据只是简单的指令或状态信息没有冗余信号,不用压缩。而任务系统的传感器探测到的数据在发送时,最大数据传输率很高,远高于传输控制指令或状态指令的数据链路的数据传输率,所以在下行链路中单独设置了一个专门传输传感器收集数据的链路。但即使设置这条专门的链路,允许的传输速率仍远小于传感器本身原有的数据传输率,所以数据传输率的不一致使数据链路无法将传感器的原始数据传送到地面,而必须采用机载处理器将传感器的数据传输率降低到数据链路能够传输的水平。

有两种方法可以降低数据传输率:数据压缩和智能化的数据处理。

① 数据压缩。数据压缩是指数据变换后保留了数据中原来含有的全部(或几乎全部)信息,并能按需要在地面通过重建恢复原始数据。理想的情况是无论是有用的还是无用的信息都不会丢失。实际上由于压缩和重建过程中的缺陷,因此会发生丢失信息的情况,如数据压缩使用一些算法去除了原始数据中的冗余部分,在地面站进行数据恢复时还要将去除的部分重新插入数据。

例如,地面接收数据来自于每秒钟给出一个读数的空气温度传感器。如果现在时刻的温度读数与前面的读数相比没有发生变化,数据压缩的过程就是不发送新的(冗余)读数;而地面站数据重建的过程就是保持并显示老的读数,直到传感器检测到新的温度并发送新的读数。这种处理在一段时间内可以减少许多待传送的比特,而到地面重建时信息却没有丢失。

② 智能化的数据处理。智能化的数据处理是丢掉部分数据以降低数据传输率,这个处理过程中会丢失信息。但智能化方法进行数据截断,能做到丢失的信息恰好是那些执行任务所不需要的信息,从而使得截断处理对执行任务的效能没有影响或影响很小。例如,为避免显示中的闪烁和快速跳动,使显示效果好一些,视频信号的数据传输率一般取 30 帧/s,而操控员无法按 30 Hz 的速率浏览并利用信息,所以通过数据截断每隔一帧丢掉一帧,使数据传输率降低一半,这种处理虽然在处理过程中确实丢失了部分信息,但对操控员识别和认读恢复的图像信息没有影响或影响很小。

如果对无用数据的压缩和智能化的数据处理仍不能使数据传输率降到足够低的水平,则有必要丢失那些被传送的有用数据。这种处理可能会降低系统的性能,但是虽然丢失了较多的传输信息,对执行任务的效能却没有影响。

为使数据链路具有一定抗干扰能力,如前面的抗干扰能力的系统分析所示,数据传输率大小的选取与距离、频率等都有关系,要权衡考虑。

（2）视频数据的传输处理。

由无人机上传感器产生的最常见的高传输率数据是来自电视摄像或视频传感器的视频信号。这种数据由一系列静止图像（帧）组成，典型的数据传输率为30 帧 /s。每一帧由大量的像素组成，而每一像素都有一对应的灰度值。一般来说，对于数字化后的原始视频信号，每一像素都有 6 bit 或 8 bit 的灰度值。如果图像的分辨率为 640（水平像素）× 480（垂直像素），那么一帧图像共有 307 200 像素。按 8 bit/ 像素和 30 帧 /s 计算，可得原始数据的传输率接近 75 Mbit/s。无人机受本身的尺寸、质量、成本的限制，数据链路不能完成如此高的传输率，必须要进行图像处理。

压缩视频信号的主要方法是充分利用图像中的冗余来降低描述每一像素所需的平均比特数。图像数据中存在很多的冗余，相邻的像素不是独立的。例如，图像中包括一片蔚蓝的大海，对应大海这一部分的像素基本都有相同的灰度值。如果存在一种方法为这些像素指定唯一的灰度值而不需要为每一像素重复发送这个灰度值，则对于整幅图像来说，每一像素所需的平均比特数就减少了，即减小了传输率。

图像中的物体像素与像素之间存在相关性。除影子或对比度较高的物体的边沿位置外，图像中灰度等级的变化一般是连续光滑的。灰度等级的最大变化差异一般为 6 bit 或 8 bit，相邻像素间灰度等级的差异要比最大变化差异小得多，利用这一点可以进行一种差异编码，即用一个像素与前一像素间的灰度差异而不是用灰度值来代表该像素的灰度等级。由于每一像素采用相同的比特数非常方便，因此差异编码通常采用较小的固定比特数来描述所有的灰度差异。

采用更复杂的方法可进行进一步的压缩。要将图像从位移空间变换到频率空间，很多方法建立在傅里叶变换的基础之上，然后在数据链路中发送频率分量的系数。典型图像中的大部分信息对应的频率分量相对较低，可以丢掉高频分量或缩短高频分量的系数，这样处理可减少需要的比特数。图像应用傅里叶变换到频率空间后该如何选择需要发送的系数并丢弃可有可无的系数，在算法设计方面有很大的潜力。通常在传送之前，将图像划分成 16 ×16 像素的子图像，这样可根据子图像的内容为每一个子图像选择相应的比特数。含有晴朗天空或普通草地的子图像只需要用很少的比特数，而含有物体细节的子图像则需要用到较大的比特数。

联合使用差异编码和变换编码有可能做到以平均 0.1 bit/ 像素传送可识别的图像。这表示按 6 bit/ 像素算压缩到原来的 1/60，按 0.1 bit/ 像素算，人们可以以 30 帧 /s 的速率传送分辨率为 640 × 480 的图像，其数据传输率不到1 Mbit/s。0.1 bit/ 像素的图像在重建后分辨率下降了，灰度等级压缩了，变换和重建处理产生了虚假成分。

如果将比特数／像素降到尽可能低的程度，就有必要考虑降低要发送的像素数，这需要采用智能化的数据处理而不是压缩方法，对于视频数据减少每秒像素数最简单的方法是降低帧传送率。选择 30 帧／s 作为一种视频标准是为了获得无闪烁图像，在 0.033 s 以内，地面上的任何物体都不会走得太远，所以新的一帧图像中仅有很少的新信息。通过保存帧信号并按 30 Hz 刷新显示可避免闪烁现象，这与新视频帧的传输率无关。除非特殊提醒，大部分观察者都感觉不到帧传输率已下降。

当最低的帧传输率无法支持某项功能时，可以采用降低分辨率或视场智能化的数据处理的方法。例如，为跟踪一个运动目标，需要的最低帧传输率为 3.75 帧／s，而数据链路在其帧传输率为最小值时无法支持这样高的帧传输率。为得到可用的数据传输率，需采用现场智能化的数据处理，将视场减小到原来的 1/2 或 1/4，或者为传感器选择窄的视场，这个视场的分辨率比跟踪目标所需要的更高。

现代无人机图像传输系统不同于传统的视频传输，由于其受无人机本身特点的严格限制，因此在研究中必然会涉及更多的关键技术问题，面临着更加严峻的挑战。

① 数字信号传输的高实时性图像压缩编码算法。由于目前无人机图像无线传输系统采用数字传输，因此其抗干扰能力强，图像传输质量不易受环境干扰，加密方便，保密性高，便于集成化且易于与外界直接通信。其缺点是图像数据量太大，占用带宽甚宽，同时传输速率较低，所以采用了图像压缩编码技术。但要实现图像的实时传输，即操控员能够在发出指令后没有延迟即能看到指令结果，则需探索高压缩率、快捷的图像压缩编码算法，并采用功耗低、运算处理速度快的集成芯片设计硬件电路来解决图像的实时传输。

② 复杂战场环境下的纠错编码技术。复杂战场环境存在强电磁干扰，所以前面主要分析了数据链路的抗干扰问题。由于图像传输信道属于平坦、慢衰落信道，易产生误码率和码间干扰，具有易错、时变等特点，因此需采用合适的信道编码对图像信息流进行差错控制和纠错编码。该技术要求降低其误码率、减小系统传输时延、最大限度地节约硬件资源，以实现可靠传输。

③ 图像实时传输能力的提高。图像数据传输能力的提高也是图像无线传输系统亟待解决的关键问题，包括降低传输系统的能耗、质量、尺寸，以及提高图像实时传输的距离等。

（3）非视频数据的传输处理。

用于视频数据的数据压缩技术对于大部分其他类型的数据来说也可以应用，仅在有些事情发生或变化时发送数据到地面。对于每一类型的数据，可以按其特点开发更为复杂的类似于视频变换编码的压缩技术。

对于非视频数据,也可应用智能化的数据处理。它的处理形式是记录一小段高传输率的数据,再用较长的时间将数据通过链路传到地面。传感器可以截取几秒钟内关于指定区域的数据,然后用几分钟的时间将数据传到地面。在地面站,除多用的那段时间所对应的数据外,所有的传感器数据都能得到。

其他一些数据源具有很高的数据传输率,如雷达侦察测向系统,由这种传感器产生的原始数据含有来自几十部雷达高达每秒钟几万个脉冲的信息。在这种情况下,除用数据链路将原始数据传到地面处理外,还需要采用机载处理器将几千个数据点转换为几十个目标识别结果和方位值。

对于视频数据,采用机载处理器能为数据链路提供重要的抗干扰性能,但是数据链路能够支持的数据传输率会受到某些与数据链路传输距离、抗干扰性能和造价密切相关的因素的限制,采用机载处理器能解决这类问题。

从技术的角度看,以下两个领域的发展和改进对数据链路的性能提高具有重要意义。

① 改进机载处理技术,降低对数据传输率的要求。

② 更好地理解操作任务性能,设计出能有效利用可用的数据传输率的操作流程。重要的是理解应用方面的限制和可选性,懂得如何选择任务描述的特征用语、系统设计的方案,以及能在可实现的数据链路性能之内保证任务完成质量的操作步骤。

5. 数据链路系统的接口问题

无人机数据链路系统的有关接口问题将直接影响数据链路的性能,主要集中在以下几个方面。

(1) 机械和电气。

机载质量和功率的限制是对机载数据终端设计的主要限制,对天线尺寸和方向性的要求会影响到地面站的设计,这些因素促使系统采用抗干扰数据链路。

如果数据链路工作在较高的频段,则为覆盖较宽的频率范围或获得抗干扰系数,会采用易操纵的中等增益天线,这时机载天线成为一个问题。一般易操纵天线必须伸出飞机机身,这样在回收时容易损坏天线。单副天线无法满足飞行器全方位机动的需要,所以至少需要 2 副天线(1 副背天线和 1 副腹天线)。如果接收天线与发射天线分开,则可能需要更多的天线覆盖盲区。

数据链路的电气接口首先与计算机数据输入部分和输出部分的接口进行所需要传输数据的输入输出,通过电源接口给链路提供能量。

(2) 数据率的制约。

许多传感器能够以比任何数据链路的传输速率高得多的速率发送数据。例如,来自电视的高分辨率视频或以标准的 30 帧/s 工作的前视红外线传感器能产生约 7 500 万 bit/s 的原始数据,而一般无人机数据链路都不能传输如此高速的原始数据,这种传感器与数据链路不匹配对数据率造成很大的制约。因此,可采用不同的方法降低数据传输率而不丢失信息。降低数据传输率要考虑到整个系统对抗干扰性能的要求而且不至于影响任务的完成,在进行系统的设计时要考虑到数据传输率是受限制的。

一般降低数据传输率可采用压缩或智能化的数据处理方法。机载数据压缩处理器将数据变换成更有效、在地面站可以重建的表现形式。理想的情况是数据被压缩再重建后,信息不会丢失。实际上由于压缩重建过程中的逼近处理和非理想性,因此常常会丢失少量的信息。然而,$\frac{1}{15}$ s/ 帧的图像数据能够提供操控员所需的全部信息,所以他感觉不到这种丢失。

对压缩和智能化的数据处理的选择要纳入整个工程的设计,考虑传感器的性能、如何利用数据来执行任务及数据链路的性能等问题。

(3)控制环路延迟。

无人机在发送和回收过程中及地面遥控飞行阶段需要通过控制环路来控制飞行器的状态。某些飞行器需要地面站的闭环控制,如机载传感器指向的手工调节、目标自动跟踪的初始化、手工控制飞行器飞入回收网或将飞机降落在跑道上都需要这种控制,完成这些控制功能的控制环路通过数据链路进行双向传输。如果数据链路采用了数据压缩或截断、消息分组传输、上下链路在同一频率上时分多路或在传输前后进行分组处理等方法,在控制环路的控制和反馈传输中就会出现延迟。假如有一个特殊的数据链路,它的上行链路每秒种仅传输一条指令,它的下行链路每秒钟仅传输一帧视频信号,如果操控员正在控制无人机降落,他按照事先决定的俯仰角调节电视传感器并根据电视画面手动控制飞机朝向跑道的入口,总共会产生 2 s 或 2 s 多的延迟,其中包括 1 s 的发送指令时间、1 s 的等待、零点几秒的操控员反应时间和一些控制台电路的延迟时间。需要注意的是,由于用于等待上行链路下一条指令的延时依赖于操控员输入到数据链路执行时分复用之间的时间,因此延时有长有短,这种延时很可能造成飞机不能可靠地降落,特别是在野战环境下。

控制环路的延时主要来自于下行链路数据传输率的降低,导致了视频信号帧频的降低。但是有时主要的延时由数据链路和无人机系统设计中的其他因素引起,待发送的信号在传输前,需要等待多指令消息组形成,这一过程会引发传输迟延,在这种情况下,组成消息组的最后一条指令几乎能马上被传递出去,但是下一个消息组中的第一条指令必须一直等待,直到有足够的指令组成完整的消息组。数据链路在达到某个最大等待时间后可以将不完整的消息组传递出去,或假定地面控制站以一定的速率发出指令,以保证形成一个消息组所需的等待时间是固定的。

在开始重建之前,等待一个完整的经过压缩的传感器数据块和重建的过程都会造成延时。在某些应用场合,子系统中的计算机等待下一子系统中的计算机做好接收数据的准备也会造成较大的环路延时。

控制环路中的延迟通常来说是有害的。为避免严重的甚至灾难性的后果,在无人机系统设计中必须考虑这些延迟。

通常有两种解决方法:为进行回收操作,最简单的解决方法是增加一个低功率、宽带、无抗干扰性能的辅助数据链路,该数据链路只在接近回收网和跑道的最后阶段使用;另一个解决方法是采用对数据链路延时不敏感的回收方式,如采用降落伞、伞翼回收,这种方法中,降落伞只需要一条指令就可以打开,仅会产生1 s 左右的时间延迟,由于翼伞降落过程较缓慢,因此即使是控制环路需要 2 ~ 3 s的延时,也不会对地面回收产生影响。

如果飞行器上带有很好的惯性基准,则传感器指向系统带有高分辨率的分解器以使指向指令能够按照惯性基准(相对调节最大延时命令的次数来说是稳定的)计算和执行。延迟时间从操控员正在观察的视频开始,到驱动改变视场的操控员指令到达飞行器为止。对于频带范围较小的数据链路,在设计环路时,控制环路能对在此延时期间传感器视场的移动自动进行补偿,设计出即使有 2 ~ 3 s 的延迟也能正常工作的控制环路。

当然,也可以通过提高数据链路的数据传输率解决传输延迟的问题,但是这种解决方法会影响到抗干扰性能,增加数据链路的复杂性和费用。与对回收用的辅助数据链路或复杂控制系统设计的影响相比,对费用的要求较低。

(4) 互用性、可交换性和共同性。

互用性与可交换性是不一样的。就数据链路而言,互用性意味着一个数据链路的机载数据终端可以与另一数据链路的地面数据终端连通,反之亦然。对于使用单一独立通道的简单遥测数据链路有可能做到互用,而任何较复杂的数据链路均包含调制、定时、同步等单元,很难通过适当的设置使不同的系统一起工作。特别是对于不同的抗干扰技术,即使它们使用相同的频段,基本上也不能互用,使不同的无人机系统中使用的数据链路获得互用性的方法只能是采用相同的数据链路。

可交换性要求不同无人机系统中的不同数据链路可以互相替代。可交换性要求数据链路在机械和电子方面具有相同的技术指标,还要求它们具有相同的性能。如果抗干扰数据链路具有一定的带宽、延时和视频及其他数据传输的效果,那么设计系统时必须使系统也具有这些性能和效果,以便操控员在使用该系统进行训练时熟悉这些性能。一种解决方法是要求非抗干扰数据链路在某一模式下模拟抗干扰数据链路,这种方法不需要模拟数据链路的内部性能,只需要采用地面控制站中的接口和缓存,采用宽带非抗干扰数据链路与飞行器连接,模拟原来与接口相连的抗干扰数据链路。接口以与抗干扰数据链路相同的定时和格式向飞行器发送指令,并以同样的方式处理从飞行器上下行的传感器数据和状态数据,使地面控制站能感受到与抗干扰数据链路相同的定时、数据压缩和重建的效果。

多种无人机系统都能在任何环境下使用,采用通用数据链路,可以降低购买量、减少费用并获得互用性。通用数据链路可用于两种或两种以上的无人机系统。通用数据链路包括一套数据链路硬件,根据不同的应用需求可选择不同的模块。所有的系统采用相同的射频单元和调制解调器,或至少是输入输出缓存中的数据与信号之间的变换是一样的,通用数据链路在系统间具有互用性和可交换性。因此,应保证在相应的机载系统和地面系统提供合适的指令和输入的情况下,机载数据终端与地面数据终端之间能实现连通。

系统互用性要求使用通用数据链路的系统必须是可互用的。来自飞行器的数据通过数据链路能够成功地传输到地面,地面站截获雷达和通信信号数据要处理时,会发现视频数字压缩帧很难理解,为达到可互用性,地面站除需配备合适的数据重建处理器、帧存储器和显示器外,还需要另增加一个控制台供操控员使用。如果接收的是雷达信号数据,那么地面站在处理影像时也会遇到类似的问题。在交替接收到来自不同数据源的数据时,地面站甚至不能继续执行原来的任务。

不同无人机系统间的共同性较容易得到。事实上,有可能让同一系列的无人机系统共用通用的地面站,在这种情况下,通用的地面站自然要采用通用的数据链路作为其组成部分。由于现在所有的无人机系统至少拥有部分相同的传感器和部分相同的任务,因此任一地面站应该能执行部分控制功能,至少能使用同一系列无人机系统提供的部分数据。除采用通用数据链路外,还要求地面站拥有能够控制各种类型飞行器的所有软件及输入输出显示设备。

4.2.3 现状

以美国和以色列为代表的国外无人机测控与数据链路技术的现状可以归纳为以下几个方面。

(1) 在数据链路的工作频段方面,为适应数据传输能力和系统兼容能力增高的需求,除少数低成本、近距离或备用系统仍采用较低的 VHF、UHF、L、S 波段外,已大多采用较高的 C、X、Ku 波段。

(2) 在数据链路信道综合程度方面,已普遍采用"四合一"综合信道体制,但少数低频段的简单系统及某些特殊系统仍采用"三合一"综合信道体制。

(3) 在无人机任务载荷信息传输方面,从 20 世纪 90 年代起已开始应用图像数字传输技术,该技术目前已在大部分无人机测控系统中使用。无人机动态图像压缩编码后,图像／遥测复合数据速率已减到最小为 1 ~ 2 Mbit/s(如美国的 1.544 Mbit/s、以色列的 2.2 Mbit/s),对应的图像分辨率为 720 × 576 像素。

(4) 在数据抗干扰技术方面,已普遍采用卷积、遥感(Remote Sensing,RS)、交织抗干扰编码和直接序列扩频技术。上行窄带遥控通信道的直接序列扩频处理增益达到 33 dB(以色列的 IAL/ELTA 公司),最高信息速率达到 200 kbit/s(美国的公司)。目前已有对 2 ~ 4 Mbit/s 的下行数据实现直接序列扩频的报道。

(5) 在无人机超视距中继技术方面,已实现了空中中继和卫星中继。以色列 IAL/ELTA 公司的 EL/K – 1850 数据链路通过无人机空中中继,作用距离可以从 200 km 扩展到 370 km。美国"捕食者"和"全球鹰"无人机长航时使用 Ku 和 UHF 波段的卫星中继数据链路,上行数据速率可达 200 kbit/s,下行数据速率分别为 1.544 Mbit/s 和 50 Mbit/s,作用距离在 3 000 km 以上。

美国和以色列等国家已普遍重视无人机数据链路系统的标准化。美国早期无人机测控系统缺乏规划,品种繁多。随着美军统一规划的实施,其无人机数据链路系统品种正在减少,重点推广使用 X/Ku 波段通用数据链路,逐步实现通用化、系列化和模块化。X/Ku 波段通用数据链路上行数据速率可达 200 kbit/s,下行数据速率可达 137 Mbit/s,作用距离为 200 km。以色列早就有无人机数据链路系统通用化、系列化和模块化方面的明确规划,IAL/ELTA 公司的 EL/K –1850 数据链路和 GCS – 2000/3000 地面控制站就是根据统一的标准研制的,可以应用于"搜索者""苍鹭""猎犬""先锋"和"侦察兵"等多种无人机系统,其他公司研制的无人机数据链路系统也应该符合统一的标准。EL/K – 1850 数据链路工作在 C 波段,上行数据速率为 7.3 kbit/s,下行数据速率为 2.2 Mbit/s 或 6.6 Mbit/s,作用距离为 200 km。

我国的无人机测控与数据链路技术经过 20 多年的发展,已突破了综合信道、图像数字化压缩、宽带信号跟踪、上行扩频、低仰角抗多径传输、多信道电磁兼容、空中中继、卫星中继、组合定位、综合显示、机载设备小型化和地面设备车载机动等一系列关键技术,已成功研制生产了多种型号的数据链路和地面控制站,采用视距数据链路、空中中继数据链路或卫星中继数据链路,分别实现对近程、短程、中程和远程无人机的遥控、遥测、跟踪定位和视频信息传输,产品已与多种无人机型号配套,小批量生产,装备使用。

第5章　任务规划与地面控制站

本章主要介绍任务规划与地面控制站。任务规划包括任务规划的功能及实现;地面控制站是无人机系统的地面指挥部,它完成地面站与飞行器之间的指令及数据的信号传输,控制飞行器的飞行状态和机载任务载荷的工作。无人机地面站遥控飞行器时,需要在执行飞行任务之前进行任务规划。

5.1　任　务　规　划

无人机任务规划的目的是在适当的时间内计算、选择一条最优或次优的飞行航路,找出在该航路上对有效载荷的控制策略,使得执行战术任务的无人机在确保安全的前提下能突防敌方的威胁环境,并在敌方防空区域内完成任务,最大限度地发挥有效载荷的作用并同时保护自己。

从层次功能上来说,任务规划可包含航路规划、任务载荷规划、数据链路规划和系统保障与应急预案规划等。航路规划应是任务规划的一个重要内容,所以无人机任务规划研究的重点是航路规划。

5.1.1　基本功能

无人机规划人员根据所要完成的任务制定出飞机任务规划(飞行路线、有效载荷的控制策略和应急备份方案),生成飞行控制指令,然后进行规划评估,将实际的飞行过程与规划过程进行比较,找出不足,提出规划的改进方案。

无人机任务规划的基本功能如下。

(1)具有航路规划功能,制定飞机的起飞、降落、接近监测点、侦察监测区域、离开监测点、返航及应急飞行等任务过程的飞行航路。

(2)具有标准飞行轨道生成功能,可生成常用的标准飞行轨道,如圆形盘旋、8字形盘旋、往复直线飞行等,存储到标准飞行轨道数据库中,以便在飞行过程中根据任务的需要使无人机及时地进入和退出标准飞行轨道。

(3)具有常规的飞行航路生成、管理功能,可生成对特定区域进行搜索的常规飞行航路,存储到常规航路库中,航路库中的航路在考虑了传感器特性、传感器搜索模式(包括搜索速度和搜索时间)和传感器观察方位(包括搜索半径、搜索方向、观测距离和观测角度)等多种因素后,可实现对目标的最佳侦察。

5.1.2　任务规划阶段

与有人驾驶飞机相比,无人机的飞行预规划是成功完成任务的关键。规划功能的复杂程度取决于任务的复杂程度。

1. 接受任务阶段

飞行任务是由联合作战司令部根据联合作战的要求确定的。飞行任务一旦下达,将通过任务命令的方式传达到无人机作战单位,无人机作战单位指挥员根据任务文件的内容,将作战任务进行分解,直至具体到执行任务的飞机。在飞机起飞前,根据任务的要求、飞行地点、飞行气象环境、敌方武器威胁、飞行条件约束等已有的情报等因素制定详尽的中长期或短期规划飞行计划,包括设计最佳飞行航路、目标和搜索区域、燃油管理、威胁规避、预定航路的仿真演示飞行等,此时的任务只是在文件中使用通用语言进行描述的内容。

任务规划生成的文件要装订到飞行器和地面控制站。操控手和指挥员要根据预定的飞行航路遥控飞机,或交给机上驾驶仪按预定的航路自主飞行,完成任务。

在飞机飞行过程中,有时需要根据实际的飞行情况和环境制定出对先前规划的修改及应急方案,又称实时规划或重规划。

各种威胁源包括敌方雷达、高炮、导弹(一般地对空导弹)、地形(在飞机的固定飞行高度上对飞行可能造成障碍的高耸山峰)及恶劣天气等。

2. 任务分析及航路规划阶段

依据接受任务阶段的分析,根据无人机飞行的任务要求、安全要求、飞行时间、能量的消耗和其他战略战术考虑等关键因子,借助几本训练手册,通过在纸质地图上规划飞行航路和任务实施点,"单凭经验估计"的训练方法或飞行前实地巡逻确定飞行轨迹,即可估计出规划中的飞行时间及其他关键因子,用人工方式在纸面上生成规划文件。此文件对无人机的整个任务过程进行策划,做出具体的执行计划,包括执行任务的过程、组织管理、场地、设备、负责的人员、需要的资源等。

根据生成的文字规划文件,分析人员利用计算机软件,按照上级的作战意图及给定的航路资源确定航迹,在计算机的屏幕上做出无人机的航路,并且在航路的各相关段上标记出相应的执行作战任务的动作名称。为简单明了地表示无人机的航路,无人机的航路是由一些空间直线段组成的,这些直线段之间使用几种不同直径的圆弧连接。为了简单,通常圆弧的半径有大、中、小三种。这些直线段包括飞机应当顺序飞过的高度和经纬度信息。

对这些规划的信息进行检验和调整,使之满足各种约束条件的需求。最简单的情况是,任务是去监视一个路口或一座桥梁,并报告监测点的交通流量。这一任务的规划制定要求确定接近和离开该监测点的飞行航路,并选择监测该点时飞行器飞行的区域及半径。这涉及进出该区域时如何防范空袭威胁,且要与空中管制部门相互配合,以避免在目标区域附近发生空中冲突。

在这种情况下,规划过程要考虑执行侦察任务时使用的照相侦察设备的类型、照相侦察设备的任务区域、视界及其有效范围。如果照相侦察设备是照相机的摄像头,则选择巡逻地点时,要考虑到目标与太阳的相对位置及飞行器的位置,根据这些现实条件选择合适的任务执行点。

如果地面高低不平或植被茂盛,就需要事先选择合适的巡逻路线,以便在观察目标区域时能有良好的视线,确定预定航路的可行性。有时也可以先飞临目标区域,然后寻找有利位置,不过很多时候还是要在起飞前确定有利位置。

更复杂的任务系统也许包括几个可供选择的子任务。这类任务很重视时间的计算和燃油消耗的计算,以便在飞行器的总续航时间内按时完成子任务。为辅助此类规划,需要有一个标准任务规划"库",如对以特定地点为中心的小区域进行搜索的航路库。航路库的输入将包括指定地点、以该地点为中心的搜索半径及观察该区域的方向(俯视、从东边观察或从西边观察等),还包括预期的目标区域地形的复杂程度和待搜索目标的类别。基于已知的任务载荷完成设备的性能(如侦察设备,该设备应专门针对特定复杂地形中的目标类别),航路库将计算飞行规划,要求该规划能在相对于目标的最佳距离上安置设备,设置传感器的搜索样式和速度并搜索该区域所需的总时间。形成的规划文件将插入总的飞行规划中,该子任务所需的燃油消耗及时间也要添加到任务总表中。由于各个子任务都添加到任务总表中,因此规划人员要监控总的任务安排,掌握合适执行任务的特定时间及飞行器完成任务所需的总时间。航路文件规划完成后,还需要向联合作战指挥部上报备案并获得批准。

此外,还要考虑好异常应急措施,即应急航路。其主要目的是确保飞行器安全返航,规划一条安全返航通道和应急迫降点,以及航线转移策略(从航线上的任意点转入安全返航通道或从安全返航通道转向应急迫降点或机场)。其规划类似于航路规划,只是不考虑侦察任务的要求,提高飞行的安全要求。

3. 航路生成阶段

经过批准后的航路规划是人与人之间交流的文件信息,无人机系统是不懂的,所以需要进行信息的转换,将这些信息转换为无人机控制飞行时需要的航路参数、对应的机载设备、载荷的工作要求和信息。转换过程一般是通过航路规划计算机系统的软件实现的,该软件将直接自动地生成无人机的自动飞行任务控制信息的文件,装订到计算机系统,控制飞机的飞行轨迹。文件应当进行备案待查。

任务规划文件转换为计算机的应用文件的转换方法有两种,即计算机辅助生成和完全自动计算机生成。

在无人机地面控制站中,常常利用任务规划的辅助系统(计算机系统)生成航路,这些辅助系统具有如下软件功能。

(1)可用鼠标把飞行航路叠加到数字地图显示器上。

(2)对选定的飞行航路自动计算飞行时间及燃油消耗。

(3)自动记录飞行航路,其记录形式适于对飞行器执行任务时的控制并与航空管制部门一起制定飞行航路。

(4)在显示屏上提供基于数字地图数据的合成图像。合成图像显示了在不同的巡逻位置及不同的海拔高度观察到的合成场景,使操控员能为执行任务选择可接受的有利位置。

使用无人机系统获得的经验表明,在任务规划的自动化上投入的努力是非常值得的,如操控人员对系统很容易接受、飞行器有限资源的利用效率很高等。因此,选用优化准则(如最短路径分析),以避开威胁为基本条件,利用计算机系统辅助生成飞行航路文件,既节省了人力,又提高了精度。

在任务规划文件的生成过程中,应用任务规划包含航路规划的智能型最优算法,尽量使任务规划完全由计算机自动生成是航路规划的发展方向。

5.1.3　任务规划的评估

通过计算机辅助系统生成的航路规划文件,要对其进行规划评估,通常通过仿真演示进行。演示实验如下。

(1)飞行仿真演示功能。

飞行仿真演示功能能够在数字地图上叠加飞行航路,仿真飞机的飞行过程,检验飞行高度、燃油消耗等飞行指标的可行性。

(2)武器威胁仿真演示功能。

武器威胁仿真演示功能能够在数字地图上演示敌雷达、高炮和导弹等防空武器的威胁程度,使无人机尽可能地规避飞行航路上可能出现的防空武器的威胁。

(3)侦察效果演示仿真功能。

侦察效果演示仿真功能可进行基于数字地图的合成图像计算,显示在不同的巡逻位置及不同的海拔高度上观察到的场景,使操控员能为执行任务选择最佳方案。

在规划评估过程中,用检验准则检验航路上的每个点,若全部通过,则找到了一条可用的航路。对于未通过的点,可以在其附近插入新的满足条件的航迹点,再重复上述的检验,直到找到一条可用的航路为止;也可以通过修改已有的航迹点进行试探,最后针对个别区域再进行仿真演示。最终制定的航路文件既能有效规避威胁范围,又能顺利完成预定的任务。

5.1.4　任务规划的装订

在任务规划文件制定完之后,要分别装订到无人机驾驶仪和地面控制站的计算机系统。通过有线(串行口)或U盘将无人机的自动飞行控制信息文件传送到无人机的控制计算机中,传输的结果应当进行验证,以保证数据文件的正确性。

应用计算机的软件,通过鼠标或键盘完成地面控制站和驾驶仪航路点设置的操作和航点列表窗口的操作,即可将任务规划文件加载到无人机驾驶仪和地面控制站计算机中,完成任务规划的加载装订。

装订完成后,地面控制站就要转变到在任务执行期间对系统所有要素进行控制这一基本功能上,包括:下达飞行器发射指令及发射过程中飞行器的控制;飞行途中对飞行器的控制;对任务有效载荷的控制;有效载荷数据的接收、显示及记录;有效载荷数据(实际数据或根据数据得出的信息)向用户的传输;回收过程中对飞行器的控制。

地面控制站在执行上述基本功能时,以下几项控制任务是重中之重。

(1)管理来自于飞行器的数据流并管理通过数据链路至飞行器的命令流。

(2)监控飞行器相对于任务规划的位置和飞行状态。

(3)维护新修改的任务规划。要考虑新修改的任务规划与预规划任务的偏差并确保没有超出系统的承受范围(留有足够的燃油让飞行器到达回收区域、飞行航路上没有高山阻隔及不会飞入禁飞区等)。

飞行器有自主飞行能力,可以从一点飞向另一点,也有绕某一点盘旋的标准机动飞行的能力。对于发射过程中的控制及爬升、回收过程中的控制,需要在飞行器装订完航路规划后,由机上自动驾驶仪根据规划接收遥控站的指令来实现。

在地面控制站中,航路装订后,在执行任务规划的各个子段时,仅仅通过从计算机存储器调出程序并下达命令就可以了。这简化了指挥任务,且容易被操控员接受掌握。例如,任务规划可分解成若干子段(从发射到巡逻地点的飞行、在指定巡逻地点上空的飞行、飞向第二巡逻地点上空的飞行及返回回收地点的飞行),为按规划来执行任务,操控员只需依次激活各个规划子段即可。灵活的软件系统允许操控员在最少量的重新规划后就能从各点退出,并进入预定的任务。例如,如果在飞向预定巡逻地点的途中观察到一个感兴趣的目标,就很有可能挂起预飞行规划子段并进入几个标准轨道之一,仔细观察目标,当接到恢复预定规划时,再恢复执行预规划子段。

飞行器应当把一些预规划飞行子任务存储在飞机上以应付通信链路中断,

这些子任务可能包括上升轨道飞行,也许在预规划的"中途链路中断点"处盘旋,以力图恢复链路或在链路中断的一定预置间隔后自动返回回收区域。

5.1.5 航路规划举例

总结任务规划生成过程如下。

(1)任务输入,包括每项任务规定任务操作区域等要求。

(2)应用任务规划的某种实现方法,确定典型航迹点,并检验。

(3)人工或计算机辅助生成飞行航路。

(4)各项因素检查,若不通过,则提出修改意见,返回(2)。

(5)检查是否满足侦察任务要求,若不满足,则提出修改意见,返回(2),或修改侦察任务要求。

(6)在飞行航迹上选出最佳控制点,生成节点控制表和飞行控制注入数据。

(7)确定载荷控制策略,生成节点控制表和飞行控制注入数据。

(8)仿真飞行、侦察过程,若不满意,则提出修改意见,返回(2)。

无人机在进行航路规划时,一般分为两个层次进行:第一层是整体参考航迹规划;第二层是局部航迹动态优化。整体参考航迹规划是飞行前在地面上进行的,根据无人机飞行的任务要求、安全要求、飞行时间,以及其他战略、战术考虑等因素组合确定,以此最优性能指标为标准,通过动态路径规划算法生成一条最优参考航迹。有了参考航迹之后,无人机在实际飞行中并非一定严格沿着参考航迹来飞,它还要受到参考航迹周围的威胁情况和自身约束条件如最小转弯半径、滚转角、飞行高度、飞行速度等的限制。因此,参考航迹生成后还要根据参考航迹周围的威胁情况和无人机自身的性能指标对参考航迹进行局部动态优化,最后生成最优航迹。

1. 威胁范围确定

威胁建模是一个复杂的综合问题,它随着威胁的种类、特征和飞行任务的变化而变化。无人机在起飞后将保持一定的高度进入巡航阶段,巡航阶段的威胁主要来自敌方防空火力、气候条件、地形等。可将各种威胁简化建模为具有一定作用半径的圆柱体或圆锥体等几何体的组合。无人机在巡航阶段飞行时一般只考虑它的横侧向运动即水平航迹,因此根据无人机预定的巡航高度可简化为平面几何来处理。威胁模型如图 5.1 所示,A 为基地,B 为目标地,1、2、3 为无人机在巡航高度 h 时 A、B 之间的威胁区域。高度 h 变化时,A、B 之间的威胁区域也跟着变化。

2. 动态路径规划算法求最优航迹

确定无人机从基地到一个目标地的最优航迹准则是距离最短,并能避开任务飞行区域内各种威胁地区。动态路径规划算法是一种逆序计算法,从末端开

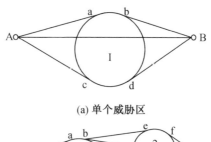

(a) 单个威胁区

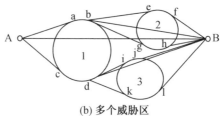

(b) 多个威胁区

图 5.1　威胁模型

始,到始端为止,逆向递推,一级一级地求最优解。

(1) 整体参考航迹规划。

利用动态规划算法求解最优航迹,首先要根据任务飞行区域内的威胁模型确定从基地到目标地之间的各级节点及各节点代价,然后以此为基础生成一棵航迹树。

动态规划法求解,其最终目的是得到一棵从基地至目的地的航迹树,这棵树与别的树不同之处在于它的树枝全都汇集到一点(目的地)。图 5.1(b) 中从基地 A 到目标地 B 存在多个威胁区,应用动态路径规划算法可得到图 5.2 所示的多个威胁区最优航迹树图。

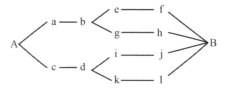

图 5.2　多个威胁区最优航迹树图

(2) 局部航迹动态优化。

有了图 5.2 参考航迹后,无人机并非沿着参考航迹飞行,还要根据参考航迹周围的威胁情况和无人机自身的约束条件如最小转弯半径、滚转角等进行局部动态优化,最后得到一条最优航迹。在图 5.3(a) 中,可求出 A、H 之间的最优参考航迹为 ABCDEH,很明显参考航迹的 CD 段需要优化,最后得到最优航迹 ABFGEH(图 5.3(b))。在图 5.3(a) 中,假设参考航迹为 ABCKMH(仅是假设,ABCDEH 才是最优参考航迹),则 CK 段需要优化,ABOPMH 为优化后的航迹,如图 5.3(b) 所示。

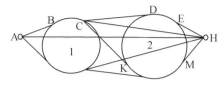

(a) 优化前参考航迹

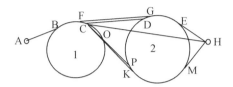

(b) 优化后参考航迹

图 5.3　局部航迹动态优化

由图 5.3（b）也可以看出，最优参考航迹经局部动态优化后所得到的最优航迹由线段和圆弧组成，且线段与圆弧均为相切关系，这样无人机在飞行中不会出现滚转角很大和转弯半径很小的情况。由于所研究的该型无人机高空巡航速度的限制，因此经上述方法优化后的航迹一般满足无人机自身约束条件。

（3）最优航迹生成。

随着计算机的迅猛发展和广泛应用，可以在计算机上编程实现最优航迹生成，这样既提高了航线规划的精度，也提高了工作效率。通过计算机辅助，最后得到动态优化后的最优航迹。一般来说，动态优化后的最优航迹既要能规避威胁区域，也要同时满足最短路径和无人机自身的约束条件。

5.1.6　计算机自动生成任务规划实现方法的展望

如前所述，按照完成预定任务的要求生成任务规划文件有人工、计算机辅助生成和计算机全自动生成三种方法。目前，计算机辅助生成方法应用很广泛，计算机全自动生成方法处于研制阶段。比较通用的全自动生成方法有数学规划、优化算法、代理（Agent）方法和遗传算法（Genetic Algorithm）等。在一些具体的领域，已经研究出了大量的具体方法，如加权框架四叉树、Petri 网模型和基于对象模型等。随着人工智能技术的发展，实现任务规划系统的方法越来越有效。将人工智能技术应用到任务规划系统，形成基于人工智能的任务规划系统，对于"经过一系列的行为、以最小成本实现目标"的问题是非常有效的。

任务规划可以归结为约束统计优化问题。为简化问题、减小计算量，也可以将任务规划看作可行航行路线的寻找问题，即寻找航路轨迹。只要是能保证飞机安全且能完成任务的航路，就可以算作一个解，而不一定求得最佳解。

　　航路轨迹规划是根据任务目标规划满足约束条件的飞行轨迹。自动航路轨迹规划是无人机先进任务规划系统的关键组成部分。美国空军莱特飞行实验室的飞行控制研究所在地面使用实时仿真测试了几个航路优化算法。

　　目前，航路优化算法有可行性方向算法（Feasible Direction Algorithm，FDA）、通用动态算法（General Dynamic Algorithm，GDA）、实时优化算法（Real-Time Optimization Algorithm）、动态路径算法（Dynapath）、模拟退火算法、遗传算法和蚁群算法。另外，人们还尝试使用了 A^* 搜索算法、电势理论、神经网、梯度法等方法，这些方法均能在一定程度上解决航迹最优问题。

　　上述种种优化算法基本可以分为两类：基于极小值原理的确定性计算方法和基于动态规划或"A"算法的确定性状态空间搜索方法。而对于以随机搜索为特征的模拟退火算法、遗传算法和蚁群算法等优化算法，由于模拟了自然界的物质变化及生物活动和进化的过程，具有一定的优点和特点，因此在航路规划应用中得到了越来越多的重视。

　　目前，各国都在研制计算机自动生成航路规划文件的方法，其实际应用将给无人机的操纵指挥带来巨大的便利，大大提高无人机的作战性能和准确度。

5.2　地面控制站

　　本节主要介绍能在一定程度上遥控的自动驾驶无人机地面控制站（Ground Control Station，GCS）的配置。这里的一定程度是指操控员仅需要输入操作命令，将目的地、飞行高度和飞行速度通知无人机，而所期望航线的实际飞行细节则由地面控制站中的计算机及无人机中的自动驾驶仪来处理。

5.2.1　外形结构

　　如图5.5所示，对于普通任务的无人机系统，地面控制站的信息源所产生的遥控信号经发射机调制之后，通过发射天线进入无线信道，无人机机载数据终端的接收天线接收并解调信号，完成上行链路的信号传输。同时，无人机的状态、飞行信息及其机载设备的数据信号经机载设备处理和压缩后调制并发射至无线信道之中，最后由地面数据终端的接收天线接收，传输到地面控制站，实现数据接收、处理和监测，完成下行链路的信号传输。

　　地面数据终端是数据链路的地面部分，数据通常通过地面数据终端进行中转，完成无人飞行器与地面遥控系统的数据传输。因此，地面控制站是无人机系统的作战指挥中心，无人机上传输过来的图像、指令及遥测数据在此进行处理及显示，完成无人机的飞行操纵、数据链路管理和机载任务设备控制，同时飞行器

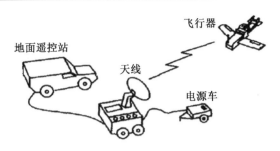

图 5.5　普通任务的无人机系统

以数字和图形形式为地面控制站提供飞机飞行状态和图像侦察信息,实现对全系统的监控。

1. 地面控制站的方舱

无人机地面控制站中的所有设备都置于一个或多个机箱内,在大部分情况下,要求这些机箱轻便小巧、便于移动,可迅速安装、建立新的操作平台。某些便携式的地面控制站可放进手提箱甚至公文包大小的机箱内,这就是便携式遥控装置。

对于功能复杂的无人机,一般需要配备方舱,并配备运输车辆,以满足运输、修理、控制等多种需求。

大多数地面控制站都是利用军方提供的 1 ~ 2 个成套标准化方舱。目前有三种适用于无人机地面控制站的可用方舱,分别是 S – 250、S – 280 和 LMS(S –788 轻型多用途方舱)。如果某一具体系统能接受 2.5 t 或 5 t 卡车上的重型配置,那么也有其他方舱可供选择。

2. 无人机操控员

方舱必须为操控员提供工作空间,也必须为人员及设备提供环境控制装置。

无人机操控员的人数既受控制站方舱面积限制,也受无人机技术影响。方舱操控员的位置示意图如图 5.6 所示,操控员人数从一人到多人,基本职责是远程操控或监管无人机飞行,使用机载任务载荷,高效完成任务。

对于大型无人机作战运用,现阶段还很难一人完成,更多的是借助多人制运行模式,方舱操控员的位置示意图如图 5.6(c)所示。美军"捕食者"无人机系统就是两人机组加情报或辅助人员模式,飞行操控员则与载荷操控员(美军称之为传感器员)并排坐在一起。这种方式能够更好地让飞行操控员与载荷操控员形成良好配合,对目标进行准确的分析判断,甚至决定是否对其开火。一般情况下,通常由一个任务指挥员负责监视和指挥无人机和有效载荷的操控员,并担任总协调员。通常,任务指挥员也操作无人机与指挥控制系统的接口。任务指挥员的席位一般设置在能够调用两个操控员显示器的独立工作站内,或直接设置在两个操控员的旁边,既能看到无人机飞行状态和传感器显示器,又能指挥两个操控员协调工作。

(a) 一人机组

(b) 二人机组

(c) 多人机组

图 5.6 方舱操控员的位置示意图

3. 方舱内的设备设置

典型的无人机地面控制站方舱内部示意图如图 5.7 所示。

(a) "全球鹰"方舱

(b) "巡逻兵"方舱

(c) "捕食者C"方舱

图 5.7 典型的无人机地面控制站方舱内部示意图

在方舱的内部设置有计算机主机、控制面板、键盘、监视器、显示器等计算机设备,有天线、打印机、通信控制单元,还有方舱的附属物,如灭火器、工作台、水平调节器等。

所有设备在方舱内的连接和放置的方式称为设备配置,图 5.8 所示为"全球鹰"无人机系统的任务控制站方舱实物及内部配置示意图。在这个方舱内装备了控制飞行器飞行和任务系统工作的各种设备。由三个人组成地面操控指挥组,包括飞行器飞行操控员、有效控制任务载荷操控员和任务指挥员。在方舱内,三个人互相配合,完成各项指挥操控任务,同时将接收到的飞行器发回的数据、图像信息通过网络传送给远程用户终端。

(a) 实物

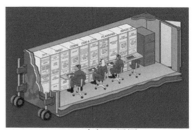
(b) 内部配置图

图 5.8 "全球鹰"无人机系统的任务控制站方舱实物及内部配置示意图

在以上地面系统中,地面控制站很重要,控制着无人机的起飞、着陆,完成任务载荷的操控等任务。

4. 地面支援设备

地面支援设备变得越来越重要,因为无人机系统是一种高精尖的电子系统,也是复杂的机械系统,地面支援设备除包括移动无人机所需的设备(如将无人机放置到发射架上)外,还包括测试及维护设备。

5. 几种无人机地面系统

一般情况下,无人机地面系统包括地面站、数据链路终端、电源等几部分即可完成基本的任务。而对于现代无人机系统,根据任务的复杂程度,其地面系统的基本配置不变,但地面支援设备会有所不同。

(1)"天眼"无人机。

美国"天眼"无人机系统可以携带所有为无人机设计的有效载荷,通常一次不止携带一个。"天眼"无人机地面系统部署示意图如图 5.9 所示。

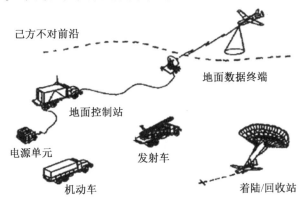

图 5.9　"天眼"无人机地面系统部署示意图

其地面系统包括地面控制站、地面数据终端、电源单元、发射车、着陆／回收站及地面支援设备的机动车等。地面控制站要实时监控或遥控飞行器飞行和任务完成情况,是地面系统的中心。数据传输要通过地面数据终端与飞行器形成数据链路。

(2)先锋无人机。

美国先锋无人机的作战任务是为炮兵及海军炮火调整及毁伤情况估计提供高质量的日夜图像。先锋无人机地面控制站设在高度机动多用途轮式车辆上或卡车上的方舱中,也可使用便携式控制站。

"先锋"无人机地面系统部署示意图如图 5.10 所示。

先锋无人机地面系统包括地面控制站、跟踪通信设备、发射接收装置、各种地面支援设备等,既有飞行器卸载架、弹射装置、控制站内操控员,又有外部操控

图 5.10 "先锋"无人机地面系统部署示意图

员。外部操控员控制飞机起飞阶段的飞行,在无人机进入平稳飞行后,操控任务交给内部操控员。因其特殊的作战任务,故在地面系统既有方舱式的地面控制站,又有便携式遥控站。其地面支援设备很全面,有装卸、运输、回收等支援设备。通过地面控制站中设置的开关或操纵杆等手工调整无人机的起飞、飞行方向、高度、速度等,以此来控制无人机的位置。但在一般情况下,飞机在飞行过程中传输的数据有一定的时间延迟,根据飞行情况实时跟踪遥控飞机存在着一定的难度。

为保证飞行安全,在无人机的驾驶仪上装订预先制定的任务规划,在无人机到达指定航线自主飞行阶段,尽量减小地面控制系统的遥控,而把飞行控制任务交给机上自动驾驶仪,按预定的任务规划,保持飞机稳定飞行,完成任务。

归纳以上几点,无人机在执行任务前要进行任务规划和评估,具体步骤如下。

(1)接受任务阶段。

(2)任务分析航路规划阶段。

(3)生成航路阶段。

(4)加载航路阶段。

(5)起飞前测试阶段。

5.2.2 主要组成和功能

1. 功用

地面控制站主要完成输入任务规划、飞行航迹显示、测控参数显示、侦察图像显示,以及有效载荷管理、系统监控、数据记录和通信指挥。

2. 组成

地面控制站是地面操控人员控制无人机飞行状态、显示任务载荷完成情况的装置。不同类型、不同功能的无人机,其控制站的组成结构也不一样,但一般都有以下几个部分。

(1)显示器。

显示器用来显示无人机发回的飞行轨迹、飞行数据、任务载荷完成情况、搜集到的资料数据等。

(2)控制板。

控制板上面装有控制无人机飞行状态、控制任务载荷工作的电门、按钮等。现在的无人机地面控制站中,这些按钮都通过软件加载到了显示器上,点击鼠标即可实现对无人机的控制。

(3)飞行条件设置板。

飞行条件设置板用以设置各种初始参数(如起飞位置、起飞航向、油量等)及气象条件(如场面气压、气温、风速、风向、能见度等)等。

(4)计算机主机及外部设备。

计算机主机及外部设备有控制键盘、打印机等。

现在比较先进的地面控制站,上述的显示器、飞行条件设置板、计算机外部设备等均可由一个带触摸屏的显示器代替,即利用触摸屏的控制,显示器上既可以显示飞行轨迹、飞行数据,又可以设置和显示飞行条件,还可以控制无人机的运行状态,对飞行的数据可以进行回放、逐点逐段分析等。

图 5.11 所示为典型的某型无人机地面控制站的控制台。它有几个不同类型显示屏,分别显示不同的数据和画面,对无人机的飞行和任务载荷进行监控、测试。不同功能的无人机,其地面控制站的控制台组成和结构也不一样,但基本功能大同小异。

图 5.11 典型的某型无人机地面控制站的控制台

3. 无人机地面控制站包含的功能子系统

为实现无人机的系统功能,无人机地面控制站应包含以下子系统。

(1)用于规划任务、监控无人机位置及航路的地图显示。

与有人驾驶飞机相比,无人机的飞行预规划是成功完成任务的关键。规划功能的复杂程度取决于任务的复杂程度。

飞行前规划好飞行任务和飞行航迹,通过传输介质输入到无人机飞行控制系统中。无人机飞行过程中,需要指挥员根据控制站中已装订的规划航线和无人机实际的飞行航线的误差进行航线修正。如果出现意外情况,需要进行实时重规划,指挥员根据任务载荷操控员和飞行操控员的要求重新设置航路点,修正航路。

因此,在无人机飞行过程中,地面站要监控无人机实际飞行航线与规划航线的误差,以及航线与无人机位置的地图显示。

(2)有效载荷数据的显示和有效载荷的控制。

在无人机飞行过程中,为完成预定的任务,需要实时监控有效载荷的工作情况,完成对有效载荷的控制,使地面操控员能够根据当时的实际条件和战场状态对有效载荷实施控制,向有关部队或相应的指挥中心汇报所截获的数据及情报,包括敌人武器的火力方向、情报,以及指挥与控制任务情况,如指挥员情况。

(3)无人机状态的读取和控制。

无人机从起飞到成功回收,经历多个飞行状态。起飞降落是无人机的事故高发阶段,特别是在人工控制方式下。为保证实现无人机的安全起飞,增加起降的安全系数,就要掌握无人机各飞行状态的数据,根据情况进行相应的无人机飞行控制。

(4)数据链路地面终端。

要实现对任务载荷及飞行状态的地面控制,必须由地面站通过数据链路地面终端发送命令给无人机和有效载荷。同时,为监控无人机飞行正常与否和任务完成情况,地面站需要接收来自无人机的状态信息及有效载荷数据。

(5)一台或多台计算机。

计算机用于为操作员提供至少一个控制无人机的界面,并控制无人机与地面控制站间的数据链路、数据流(地面计算机也可执行系统导航功能,并执行某些与自动驾驶及有效载荷控制功能相关的"外环路"计算)。

(6)与其他组织的通信链路。

在布置无人机的任务、发送规划航路、掌握战场动态、报告无人机任务完成情况时,需要与其他作战单元建立通信链路,用于发送指挥控制指令或分发无人机收集到的信息。

人工控制无人机通常是指通过地面控制站中设置的开关或操纵杆来手工调

整无人机的方向、高度、速度等,以此来控制无人机的位置。但当无人机到达指定航路自主飞行阶段时,尽量减小无人机地面控制系统的作用,而把飞行控制任务交给机上自动驾驶仪,即可保持飞机稳定。

5.2.3　工作界面

在最简单的无人机系统中,地面控制站可把无人机的栅格坐标以数值形式显示出来,从而让操作员能在纸质地图上绘出无人机的位置并确定目标位置。这里的目标位置是相对于以无人机位置为参考来人工绘制目标方位角及距离确定的位置。通过在纸上或数字视频显示器上绘出无人机的位置或自动计算目标位置,大多数无人机系统至少是在一定程度上实现了该功能的自动执行。目标位置也可显示在同一幅图上和(或)以数字、文字形式显示在阴极射线管(Cathode Ray Tube,CRT)或其他文字显示器上。

在无人机系统中,地面控制站必须为操作员显示两类信息:第一类信息为无人机自身的控制需要显示基本状态信息,如位置、高度、航向、空速及剩余燃油,这些信息的显示与有人驾驶飞机的驾驶舱内的显示极为相似,都是将来自模拟仪表的信号转换为数字或文字显示;第二类信息包括机载传感器有效载荷采集到的数据,显示信息的显示器特性各异,取决于传感器的特性和使用信息的方式,对于来自于电视摄像机或热成像仪的画面,显示器可以是普通的黑白电视或彩色电视,每帧画面都可静止显示(帧冻结),图像可以强化处理以获得更高的清晰度。

其他类型的数据也可用适当的方式显示出来。例如,雷达传感器可使用伪图像显示器或传统的"亮点"雷达显示器。气象传感器的信息可用文字显示或用模拟仪表指示(模拟仪表显示器实际上也是以黑白或彩色方式显示的阴极射线管上的数字化图形)。对于截获到的通信信号,电子战传感器需要一台频谱分析仪来显示信号功率 – 频率关系。人们通常期望在传感器显示器上加上文字数据及数字数据,如每天的时间、无人机的位置和高度,以及有效载荷指向角。

人们期望记录及回放所有的传感器数据,从而允许操作员有可能比实时显示时更加从容地重新检查这些数据,对数据进行编辑,挑选出的数据段可从地面控制站发送给其他部门,以便对数据进行直接或更深入的分析。

5.2.4　地面控制站的网络

现代复杂任务的无人机系统地面控制站既要求能准确、及时地向多个用户提供无人机机载设备发回的情报信息,尤其是图像情报,又要求能够与飞行器本身进行指令和数据的传输,这就是地面控制站的网络和通信。

地面控制站的网络一般使用局域网。

局域网起源于20世纪70年代。在微型计算机之前,使用连接着哑终端(毫无内置计算能力的终端)的大型计算机。中央计算机与每个终端分时工作,直接把所有的外部信息流送给终端旁的打印机及用户。微型计算机的引入允许把计算功能分配给大量的"灵巧"终端和"灵巧"外部设备,如打印机、显示器、带有内置CPU的专用终端、存储器及软件。每一个节点可以以各自的速度执行各种独立功能,每个节点之间需要交换数据或利用仅在某个节点才有的功能(如打印)。如果有办法把所有的独立处理节点相互连接,就有可能对数据及存储器等设施进行共享,局域网可实现这一功能。

地面控制站是一个高效的微型办公室,飞行器状态、宽带视频信号、军事通信信号及其他信号等信息经接收、处理后可得到视频图像、目标数据,或用于控制有效载荷和飞行器,这些信息可存储、打印并发送给情报中心及战场指挥员。正如在办公室里一样,信息可在地面控制站内共享并发送给其他办公室(无人机及军事系统),局域网概念非常适合于描述地面控制站的通信结构。

5.2.5 通用型地面控制站

1. 产生的原因

早期,由于通信链路的限制,因此无人机执行侦察任务时把载荷数据保存在无人机上的储存介质上,待无人机返回后,再通过对储存下来的图像等信息进行分析,完成对侦察目标的认清和识别。在信息化战争时代,这种缺乏实时性、交互性的方法显然是行不通的。从目前或更长远来看,一方面,由于数据链路的发展,因此能够在实时性上得到提高,可以实时或近实时的得到传感器图像数据;另一方面,信息化战争需要各作战单元尽可能快、尽可能多地获得情报数据。

现有无人机地面控制系统一般是针对特定类别的无人机,没有一个地面控制系统可以适用于所有的无人机。目前大多数关于无人机的设计主要针对飞行器及其负载,这都是一些为专门任务需要而进行特别设计的部件,但是很大一部分经费都与地面系统相关。先进的地面控制系统及无人机系统的互操作性和通用性已经成为无人机作战效能的倍增器,受到了世界各国的高度重视。

为适应未来信息化战争需要,美军于20世纪末率先开始致力于建立通用无人机系统控制单元,在制定的标准和规约内操作,与其他无人机和作战管理系统互操作,以确保与现有和未来的作战结构合理集成,并减少随后无人机计划部署的成本费用,由此逐步形成并产生了无人机系统发展史上具有里程碑意义的战术控制系统的重要概念。

2. 定义

传统的无人机地面站的使用方式是由专门的地面站控制专门的无人机,地面站只直接服务于总指挥中心。

通用无人机地面控制单元——战术控制系统(Tactical Control System, TCS)内部结构示意图如图 5.12 所示,其目标是建立一个通用无人机控制单元,在制定的标准和规约内操作,能够控制和使用当前和将来的各种无人机,与其他无人机和作战管理系统互操作。对空,TCS 能够指挥各种无人机,接收各种来自无人机的情报数据;对地,TCS 要具备与总指挥中心、小的作战单位甚至单兵和无人机的互操作能力。另外,TCS 令作战单元控制多种无人机,使无人机情报数据服务多个作战单元。

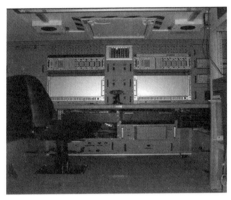

图 5.12 TCS 内部结构示意图

对于新研发的或升级改进的无人机型号,不必重复研制指挥控制系统,仅需要按标准规范研制相应的软件组件或硬件组件,通用的战术控制系统平台和现有的软硬件功能可以充分地重用;每个部队只需配备一个通用的战术控制系统,插入多种型号无人机的数据链路接口和指挥控制软件组件,就可以控制多种型号的无人机;统一的指挥控制界面和图像情报视图不仅有利于指挥控制系统的合成,还极大地减少了人员培训的复杂性;基于通用的战术控制系统,各个军种的无人机可以进行互联互通互操作,可以实现各种侦察情报的共享,扩展无人机的应用范围,提高无人机的作战效能;基于软件的战术控制,系统能够灵活地适应无人机平台、载荷、网络特征及作战概念的变化。

战术控制系统的一项重要能力是能准确及时地向多个用户提供无人机情报产品,尤其是图像情报。当前,战场信息情报分发技术正在向统一的规范、开放的体系结构、通用性和实时性发展。为无人机图像情报分发制定统一的传输规范,构建开放的、可融入 C^4ISR 系统的分发网络,将无人机获取的图像情报实时传送到各战场情报用户手中,对无人机图像情报产品有效利用具有重要意义。

目前,无人机通用战术控制系统目标如下。

(1)通过增加数据链路接口和控制软件插件,单个控制站能够控制多种无人机。

（2）通过地面控制站实现与 C^4ISR 系统的互联互通，情报信息可以充分共享。

（3）多个通用地面控制站合作实现对同一无人机的跨区域战术控制。

（4）利用地面站丰富的网络资源实现更广泛的分布式协同战术控制能力。

3. 功能

具体来说，TCS 应具有以下功能。

（1）任务规划功能。

TCS 具有能使操控员产生无人机任务计划的功能，具备从特定的任务规划系统接收和处理无人机任务计划的能力。无人机的任务计划应该包含要进行互操作的任务规划系统所需的全部信息，TCS 应该具有向特定的任务规划系统发送无人机任务计划的能力、接收和处理来自其他 TCS 的无人机任务计划的能力及向其他 TCS 发送无人机任务计划的能力，包括地图显示任务、飞行航路规划能力和有效载荷规划能力等。

（2）任务控制和监视功能。

TCS 必须具备在任务执行过程中控制和监视飞行器、有效载荷、数据链路及 C^4ISR 接口的能力。当两架中空长航时飞行器超视距飞行时，TCS 应该为每一架飞行器提供全部的控制功能。TCS 中飞行器专用的地基闭环指挥与控制功能组件应该根据操控员选定的运行器进行初始化。TCS 应该具备通过上行链路发送指挥和控制信息的能力，以及通过下行链路接收遥测和有效载荷信息的能力，包括飞行器控制和监视能力、有效载荷控制和监视能力、数据终端控制和监视能力等。

（3）信息处理及目标定位功能。

TCS 应具备处理有效载荷产品所必需的各方面的功能，包括接收、处理、显示，以及进行有限的信息挖掘。有效载荷产品包括有效载荷传感器输出，以及适当飞行器和有效载荷的遥测数据。TCS 应能够测定与目标相关的信息，精确估计目标的坐标位置。在操作员能够获得有效载荷视场中心点的当前地面位置的场合，TCS 应支持目标定位功能。

（4）接口功能。

TCS 应具有达成 C^4ISR 系统接口各方面所必需的功能，包括接收、处理和传输文本文电、图像文件和实时视频等。TCS 应实现飞行器标准接口，为与飞行器的通信提供合适的数据格式。这种数据接口允许增加未来的飞行器，并提供通用的体系结构以确保互操作性。在 TCS 与飞行器之间传输的上、下行链路信息应与相关飞行器的文件保持一致。

（5）支持当前并发的上、下行链路功能。

TCS 基于开放式体系结构并可以量度，其功能适用于用户。作战飞机装备

TCS之后,可为其提供从被动接收无人机载荷产物到全面控制多个航空器这样一个可选范围。TCS真正的作战潜能还在于无论部队的梯次如何,都可以灵活地对作战飞机进行控制使用。TCS能使任何梯次的作战人员与战术的、联合特遣部队及战区级无人机直接交互,从根本上增强了作战人员的联合作战效能。因此,TCS对固有的机动能力、火力产生冲击,而对于率先使用无人机且被证明具有作战优势的各部队而言,则是提高了整体作战管理和执行能力。

4. 情报分发网络

地面控制站情报分发的目的是将TCS接收到的无人机图像产品发送到情报用户,准确及时地向多个用户传送无人机情报产品,它既是各用户交互式互操作信息基础,也是其信息需求目标。图像情报是无人机情报产品主要表现形式,是指无人机成像载荷产生的图像(包括静止和连续图像)和图像相关信息,如成像载荷状态等。TCS工作站必须具备能够接收、显示和发送整组静止/活动图像及其相关信息的能力,并可满足已有和未来无人机与 C^4ISR 系统互联互操作接口要求。

TCS图像情报的用户包括广泛的范围,处于一个分布的网络环境,它们与TCS之间存在着平台/操作系统方面的差异,属于一种典型的分布式网络应用问题,图像情报需要跨平台跨系统传输。图5.13所示为图像情报发送的网络示意图。

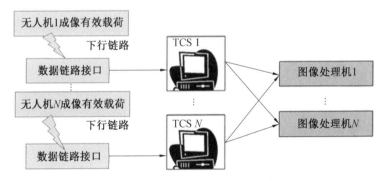

图5.13   图像情报发送的网络示意图

分布式系统之间要实现互联,比较经典的是采用客户/服务器计算模型,它将图像情报用户和TCS固定地分为客户(Client)和服务器(Server)两种角色,前者是服务请求者,后者是服务受理者,客户与服务器之间是客户主动请求、服务器被动响应的交互关系。该模型采用开放系统技术,能够反映资源共享的逻辑结构,解决实际问题,结构简单有效。它的问题在于缺乏通用性、不可移植、缺乏重用和互操作能力、难以与其他系统有机地集成、开发效率低等。

TCS将各种无人机携带的不同成像载荷获得的图像情报以规范化传输格式

发送给不同层次情报需求的作战单元。无人机服务的作战单元包括总指挥中心的作战参谋、指挥车、指挥站、作战舰只和单兵作战单元等。

TCS图像情报分发的特点是数据量大、传输对象广泛且部分对象对情报有较高的实时性要求。

侦察机图像情报传输内容包括图像和图像相关信息,即成像状态信息、地面站操作员辅助目标识别信息、目标标识、图像情报数据组织格式信息、图像显示/图像数据压缩信息和图像数据。美国国家图像传输格式(National Imagery Transmission Format,NITF)是一种支持多个计算机系统之间交换图像情报的通用数据传输规范,已成为美军数字图像和相关产品的传输标准,在美军各系统中得到了广泛的应用。近年来,该规范被应用于机载图像,针对光电/红外/雷达传感器获取的静态图像,制定相应的数据类型扩展。事实证明,NITF的实行极大地扩展了图像情报互通能力,提高了载荷数据共享程度,满足了情报、监视和侦察(Intelligence,Surveillance,and Reconnaissance,ISR)需求。侦察无人机地面战图像情报分发网络的分发目的是将地面战接收到的无人机图像产品发送到情报用户。

第6章　无人机运用与仿真

本章介绍无人机运用方式、无人机作战运用原则及"捕食者"无人机的运用情况。无人机仿真主要是指无人机的模拟训练及作战演练。

6.1　无人机运用

在现代高技术条件下的陆、海、空、天、电五维一体的战争中，空军作战中的无人机使用非常广泛，既能执行各种非杀伤性任务，又能执行各种软、硬杀伤任务，包括战场侦察、监视、巡逻、电子侦察、探雷、防核生化探测、通信、电子干扰、战斗评估、雷达诱骗、炮火校射、激光制导、目标指示、反装甲、反辐射和反舰艇等。此外，还可进行精确打击、定点轰炸，甚至还可以对空格斗，拦截战术导弹和巡航导弹，代替人员在核生化或其他特殊条件下执行作战任务。

无人机的主要军事用途是军事训练、新武器鉴定、支援作战和直接用于作战。

6.1.1　军事训练和新武器鉴定

1. 靶机

靶机是指可模拟目标飞行器性能特征的无人机，以供其他战斗机、地面火力雷达等完成相应的测试和训练。人们研制军用无人机的初衷是代替有人驾驶的作战飞机冲锋陷阵，执行危险任务。然而，与人们这种初衷相反，军用无人机最早担任的军事任务是作为高射炮部队进行实弹射击的训练靶机。无人机由于具有良好的飞行品质模拟性、易操作性、使用安全性和经济性，因此非常适合当作训练用的靶机。作为有人机、高炮、导弹等空中威胁兵器进行搜索和攻击的动态模拟器，靶机拖着靶子，在枪林弹雨中穿梭飞行，完成"向我开炮"的使命，也可作为雷达跟踪探测的移动目标。靶机是检验和鉴定防空兵器有效性和部队训练的必要手段。靶机技术目前已相当成熟，生产批量很大，目前靶机仍占无人机市场份额的七成左右。有些多用途靶机通过更换有效载荷，可执行一部分简单的侦察、电子对抗和目标毁伤评估等任务。靶机已经成为无人机承载的基本使命之一，在高射炮、地空导弹、航炮、空空导弹的实弹射击训练中大显身手，图6.1所示为早期"长空－1号"靶机及其空中飞行情况。

图6.1　早期"长空－1号"靶机及其空中飞行情况

2. 用于战役战术演习

在各国部队演习中,使用无人机扮演空袭目标,可以营造逼真的战争环境和状态,使用无人侦察机进行侦察,使用无人电子战飞机进行电子压制、干扰和欺骗,还可以使用无人攻击机攻击预设目标。而防御一方可以真枪实弹地进行演练。当然,为降低训练费用,这些无人机多为一次性廉价无人机。

3. 用于新武器试验与鉴定

在新武器试验与鉴定中,无人机也扮演着不可替代的角色。为检验地空导弹、高射炮、空空导弹等新型号武器的技术性能,需要为其试验特别是鉴定提供真实的检验手段。这种性质的任务只有无人机能够承担。为达到最逼真的效果,美军利用退出现役的飞机改装成1∶1尺寸的无人靶机。

6.1.2　支援作战

无人机最初进入空中战场不是用于直接作战,而是用于支援和保障有人作战飞机作战。近半个世纪以来,无人机在支援作战领域的用途不断拓展,已经成为支援作战的重要武器,在有些领域所起的作用甚至超过了有人驾驶飞机。无人机在支援作战中主要用于侦察监视、骗敌诱饵、实施干扰、通信中继导航、空中预警、目标指示和火力引导等任务类型。

1. 侦察监视

空中侦察是贯穿整个作战过程的一项重要作战行动,它能够为指挥员提供及时、准确的战场情报。与有人机相比,无人机因具有目标小、突防能力强、无人员伤亡之虞等优点而一直是获取战场情报的重要力量。它可以深入敌阵地前沿和敌后一两百千米甚至更远的距离,依靠机上的可见光照相机、电影摄影机、标准或微光电视摄像机、红外扫描器和雷达设备等,对敌主要部署和重要目标进行实地实时的侦察,完成各种侦察和监视任务(图6.2,图6.3)。目前,各国正在大力发展高空长航时无人侦察机,以克服目前无人机飞行速度低、侦察监视面积小、不能连续获取信息,甚至造成某些"灰色情报区"等弱点。可以预料,无人机将成为未来空中侦察监视的主力。

图 6.2　无人机对地面目标侦察示意图　　图 6.3　"全球鹰"无人机海上目标侦察示意图

2. 骗敌诱饵

空中作战是双方的激烈对抗的活动。真真假假、虚虚实实是空中作战常用的手段。为让对手上当,会派遣少量飞机伴动引诱敌人上当,以为是对方的主力部队投入大量兵力抗击,而主力部队趁机对敌人发动进攻,打敌人一个措手不及。在没有无人机的时代,担任伴动引诱敌人上当的危险任务只能由有人飞机担任。无人机进入战场后,这种角色就理所当然地被赋予了无人机。为此,军事强国研制了专门的诱饵机,并在战争中大量使用,取得了很好的效果。

作为骗敌诱饵之用的无人机既可协同其他电子侦察设备进行诱骗侦察,也可对自身信号进行放大来模拟作战飞机,给敌方地面防空系统造成严重的信息污染和过量负荷,诱导其暴露目标,增加弹药消耗,并为己方作战飞机形成可以利用的火力空隙。无人机被作为诱饵使用纯属战术问题,对其技术上没有太高的要求,所以在未来作战中,无人机被继续作为骗敌的工具是极易之举,仍将是基本的作战使用方式,甚至可作为蜂群无人机的部分功能(图 6.5),诱导暴露攻击部队的位置所在。

图 6.5　无人机诱导攻击示意图

3. 干扰拦截

图6.6所示为无人机空中直接拦截示意图,这种方法只适合旋翼机或小型慢速低空飞行的无人机,要对空中拦截有直接效应还需要利用电子干扰拦截,即无人机可用电子干扰,促使敌方的电子、通信和光电系统看不见、听不到。它可以飞临敌方前沿侧翼甚至纵深,对敌实施抵近干扰,起到大功率干扰机起不到的作用,并可相应地降低干扰功率,避免对己方电子设施造成干扰。在实施干扰时,无人机可以通过机载辐射电磁波发射器对敌方电子设施进行有源干扰,也可以施放箔条或金属干扰丝对敌方电子设备进行无源干扰。未来各国将从技术上加强无人干扰机的效能,提高实战中无人机的干扰效果。另外,无人机也可以以编队形式随舰队飞行,作为干扰机对舰艇遭受敌导弹攻击时进行空中拦截保护,实现对舰艇的护航。

图6.6　无人机空中直接拦截示意图

4. 通信中继、导航

随着作战飞机航程的增加和空中加油机的大量使用,空中战场的范围不断拓展。即使在局部战争中,空中战场的范围也经常达到洲际和跨洲际。在海湾战争以来的高技术战争中,美国 B – 52、B – 1、B – 2 等重型轰炸机通常从美国本土飞行一万多千米到达战场执行任务。在这样广阔的战场空间内作战,通信、导航等勤务保障相当困难。除临时调配一些地面设备外,使用飞机在空中进行通信中继、导航也就成为常用的办法。在遂行这样的活动中,无人机可以利用机载的设备转发作战飞机、指挥机构之间的通信、情报、导弹控制指令,为空中的飞机导航、定位,保障作战行动的正常实施。高空长航时无人机的研制和装备更为无人机承担这样的任务拓展了空间。

5. 空中预警

空中预警无人机是预警机发展的重要趋势之一,集预警、指挥控制、通信等多功能于一身,可以大幅度提高其他作战飞机的效能,对于空中作战具有重要作用,正在成为无人机的一项重要任务。它主要由机载监视雷达、数据显示与处理、敌我识别、通信、导航和无源探测六个电子系统组成。随着长航时大型无人机的研制和装备,无人机已经具备了承载空中预警雷达和相应的空地传输设备能力,并担负起空中预警的任务。另外,在一些预警范围不是很大的条件下,小型无人机也可携带相应的设备担负空中预警的任务,如为海上舰队预警、探测敌人舰船活动的情报等。

与有人预警机相比,无人预警机具有以下几个优点:一是经济性好、费效比低且机体小,加上采用隐身技术,雷达反射截面积小,生存能力强;二是信息处理速度快;三是能实施超前部署,将空中警戒线前推 200 ~ 300 km,并能单独引导和指挥执行特殊任务的空中小编队。此外,还可将无人机部署在有人驾驶的预警机前方,把收集到的信息传给预警机,以提早预警时间。这些优点决定了无人预警机在未来战争中必将得到广泛的使用。

6. 目标指示

无人机载有激光照射器,它可用来指示地面目标,引导作战飞机激光制导炸弹进行精确攻击。一般无人侦察机的使用需要由地面站进行控制,而美国陆军正在研究直升机与无人机组合的作战概念,并用一架"猎人"无人侦察机和两架"长弓阿帕奇"攻击直升机进行实验。无人机由直升机控制领先 50 km 飞行,用于侦察和指示目标,直升机接收无人机信号后对目标进行攻击,同时又可保护无人机。除直升机与无人机的组合外,美国陆军还一直研究战车等机动平台与无人机的组合。

7. 火力引导

在进行超视距火力打击或目标被地形或云层遮蔽的情况下,无人机能对火力打击目标区执行火力引导和校射任务,为指挥员进行火力打击效果评估提供重要依据,有利于提高己方火力打击效果,降低弹药消耗。美海军的一位军官评价:"为达到一定的毁伤率,过去需要发射 50 发炮弹,使用无人机校射后只需20 ~ 30 发炮弹即可摧毁目标。"

6.1.3　直接参与作战

人们研制无人机的原本目的是代替有人驾驶飞机执行攻击地面目标等危险任务。然而,攻击地面目标和空战这样在复杂的战场环境中激烈对抗的作战行动,对于具有高智商的飞行员来说尚且困难重重,对于初出茅庐的无人机来说,当时它充其量是一架还没有人类智慧的空中飞行器,根本无力担当这样的角色。随着人工智能技术的发展与应用,无人机不仅作为现代战争中的攻击平台,而且将是空中决斗的载机和直接攻击武器。进一步提高无人机的战斗性能是无人战斗机研发和使用的一个重要目标,将来不仅有无人歼击机,还会有无人武装直升机、无人轰炸机等。与有人作战飞机相比,无人作战飞机具有更高的机动性和更灵活的作战方式,未来的无人作战飞机将有可能部分取代有人歼击机、轰炸机和武装直升机等,作为一种可直接进行攻击的新型武器装备,即"空战新兵",从而大大改变未来空战模式。无人机直接参与作战的应用方式主要包括对地攻击、空中格斗、反辐射攻击和反导拦截。

1. 对地攻击

无人机安装目标搜索和火力打击系统后,可用于执行对地攻击任务。使用无人机对地攻击方式有两种:一是作为载机,在目标上空发射机载武器;二是无人机上直接安装的系统和战斗部,在探测目标参数后实施高精度"自杀"式攻击,如各国察打型无人机均可根据任务需求装载多型弹药,完成对地面目标的打击。图 6.7 所示为 2020 年纳卡战场 TB - 2 无人机对地面目标的打击情形。

图 6.7　2020 年纳卡战场 TB - 2 无人机对地面目标的打击情形

2. 空中格斗

空中格斗无人机具备有人驾驶飞机无法比拟的低空攻击能力和机动能力,而且因反射面积小、不易被敌方发现及机载雷达截获而在空战中占有先机。在与 F - 14 战斗机进行的一场近距离模拟空战中,空中格斗无人机能在不改变高度的情况下进行过载为 6 g 的机动,成功地躲避了 AIM - 120 导弹的攻击,并占据了 F - 14 后侧有利攻击位置。美、英两国已提出发展无人战斗机的各种构想和方案,并认为无人战斗机会从作战支援装备提升为作战装备,并将改变未来空军的力量结构和作战原则而成为未来空中作战的主导力量。

3. 反辐射攻击

反辐射武器是遂行压制防空(Suppression of Enemy Air Defence,SEAD)和摧毁防空(Destruction of Enemy Air Defenses,DEAD)战术行动的重要武器。在反辐射武器家族中,反辐射无人机是典型的代表。反辐射无人机是一种利用敌方雷达辐射的电磁信号发现、跟踪以至于最后摧毁雷达的武器系统。由于其具有射程远、精度高、机动性强和发射后不用管的特点,因此是防区外远程预先压制敌方防空战术行动的理想武器。无人驾驶飞行器作为运载平台,远程投送战斗部,摧毁目标雷达或使其感知生存威胁而关机,导致探测功能失效。研究反辐射无人机系统作战效能对攻防双方都具有重要意义。实际上,反辐射无人机不仅可以攻击雷达,而且可用于攻击电子战专用飞机及其他辐射源,因此它的应用将大大提高电子战效率。

另外,无人机具有航程远、可控性强的特点,用于压制敌雷达,也明显优于反辐射导弹。例如,遇敌方雷达关机或规避时,反辐射导弹仅能凭"记忆"信号进行概略攻击,往往不能将目标摧毁;而反辐射无人机可在敌雷达关机后重新拉起并再次进入搜索状态,继续盘旋伺机攻击,在较长一段时间内对敌雷达保持威胁,可以弥补反辐射导弹的不足。

4. 反导拦截

为对付日益严重的战术导弹威胁,国外在积极改进现有反导导弹的同时,还大力发展用于拦截战术导弹的无人机。无人机可预先靠前部署,能及时发现目标,在距所防卫目标较远的距离上摧毁来袭导弹,从而能有效地克服"爱国者"或 S – 300 等反导导弹反应时间长、拦截距离近、成功拦截后的残体对所防卫目标仍有一定损害的不足。德国的"达尔"攻击型无人机能有效对付多种地空导弹,主要用于为己方攻击机开辟空中通道。反导拦截将成为无人机未来作战中又一精彩的使用方式。

6.2　无人机对作战影响

高性能的机载火控雷达和中、远程空空导弹及其制导技术的发展增大了空中作战的距离,空中作战方式由第二次世界大战时的"面对面"近程空中格斗变成看不见的超视距、发射后不管的空空作战。空中对地、对海攻击由过去的临空概略式瞄准轰炸发展到了超视距火力圈外精确打击。空中作战的胜负不仅依赖飞行员的战斗勇气,更取决于武器装备的性能和飞行员驾驭新装备的能力。现在,多用途、多程式、多功能的无人机投入空空、空地和空海作战使用后,必将给空中作战样式带来革命性的影响。

无人机对整个作战态势的影响作用主要表现在以下几个方面。

(1) 无人机不仅具有更高的升限和更远的航程,而且具有良好的低空、超低空性能,交战双方的作战空域将会在更高、更远、更大的空间内展开,改变人们通常定义的高空、中空、低空和超低空的数据概念。由于无人机可以从任何高度、任何方向进行空中突防,加上其隐身效果,因此要掌握空中态势的预警和情报的主动权就更加困难,也更为重要。

(2) 无人机可大范围进行侦察、预警、通信和干扰等软杀伤,信息战将更加激烈,侦察与反侦察、干扰与反干扰的手段将多样化,贯穿于夺取制空权和战争全过程的夺取制电磁权就会更加复杂和重要。

(3) 由于远程、精确打击无人机的使用,因此战役和战略的地域数据差别将缩小,加上无人机可快速从多方向高、中、低空同时突防,以前防空作战中的主要方向和次要方向概念将相互转化,国土防空面临的作战环境和技术难度将成倍增加。

(4)无人机向体积小、隐身的方向发展,如何尽早发现、拦截和打击无人机将面临新的技术难题。

(5)无人机作为杀伤性武器,可以首批大规模投入对地、对海进攻,也可以作为防空武器,拦截有人飞机、无人机或巡航导弹。无人机作为空中战争的多面手,将会出现一套专用的无人机空战战法。

(6)由于无人机既可以使用无线电遥控操作,也可以使其按设定的程序自动执行任务,因此空战的双方可以在后方指挥所、前线指挥所或一定的空域内同时进行作战。无人机的操控人员不仅是命令的执行者,而且是战争的指挥者。可以想象,只有同时具备作战指挥和科学技术的知识型无人机操控员才可以用好手中的武器,也才有赢得战争胜利的较大把握。

(7)无人机的机载武器既可以是常规武器,也可以带核弹头,新的军备竞赛将在无人机领域展开并逐步升级。

6.3　无人机仿真

无人机仿真主要是指无人机系统的模拟训练及实战演练。随着计算机仿真技术和虚拟现实技术的飞快发展,无人机模拟训练系统成为无人机系统操作、使用人员的上岗培训和日常训练的重要装备,它在缩短无人机系统形成战斗力的训练时间、降低训练成本和风险、提高战场生存率和执行任务的成功率等方面发挥了重要作用。

6.3.1　模拟训练系统

模拟训练是指由训练型无人机或模拟训练系统实现的模拟作战环境、作战过程和武器装备作战效应下进行的军事训练、军事作战演习和战法研究演练的全过程。模拟训练安全、经济、可控、可多次重复、无风险、不受气候条件和场地空间限制,既能完成常规操作训练,大大减少装备的使用损耗,又能培训处理各种事故的应变能力及训练的高效率、高效益,在当前军费缩减、武器装备日趋复杂和采购费用不断提高的情况下,模拟训练是安全、经济、有效提高无人机操控员作战能力的方法和手段。

无人驾驶飞机的操纵是一个比较复杂的过程,对操纵人员有较高的要求,研制训练模拟器让操纵人员进行模拟训练,既可以节省费用,又可以避免因操纵不熟练而造成无人机的不必要的损失。模拟训练可为无人机的操作、指挥人员提供逼真、准确、科学的仿真训练环境,在发挥无人机作战优势中扮演着非常重要的角色,模拟训练水平的高低决定了无人机执行任务的效率。无人机的模拟训练以在虚拟仿真环境中进行为主,以少量实物训练为辅。使用高度仿真的模拟训练系统能够快速提高无人机系统操纵人员的操作水平,最大限度地减少无人机系统使用中人为的差错,显著提高无人机的可靠性和持续作战能力。模拟训练效果一般在初始训练中更明显,既缩短了训练时间,又降低了训练的风险。无人机模拟训练系统一般为训练型无人机或以计算机为主的地面模拟训练设备。无人机的操作具有很强的实践性,教学中教室内理论课程时间一般占30%,剩下时间为在真实系统或模拟器上实际操作的时间。

模拟训练以系统仿真为主要技术支撑,系统仿真技术是以控制论、计算机技术和相似原理为基础,以计算机和各种物理效应设备为工具,借助系统模型对真实的或设想的系统进行实验研究的一种综合性技术。

根据实现方式的不同,仿真可分为以下三大类。

(1) 数学仿真。

数学仿真就是建立数学模型,编好程序,在计算机上反复运行试验。它不需要模拟生成真实环境的各种物理效应设备,主要用计算机来再现和评价真实世界的实物特性。这种系统既可以实时运行,也可以非实时运行。

(2) 半实物仿真。

半实物仿真又称半物理仿真。它是将系统的部分实物(如控制系统的传感器、控制计算机、伺服机构等)接入回路进行的仿真试验。图6.8所示为双机编队的半实物仿真系统,它需要测量环境的各种物理效应设备,通过建立数学模型、编写程序,在计算机上实现被控对象的动态特性。

(3) 人在回路中仿真。

人在回路中仿真是一种操控人员在系统中进行操纵的仿真试验。它需要有形成人感觉环境的各种物理效应设备,通过建立数学模型在计算机上实现飞行器等被控对象的动态特性。这种系统能对飞行器性能、操控员技能及整个人机系统做出评价,必须实时进行。

模拟训练系统具有两种工作模式:飞行训练模式和任务计划模式。

飞行训练模式下有两种配置选择:双站方式(教／学员)和单站方式。双站方式由独立的教员和学员工作站组成,每个工作站配有高分辨率显示器。教员的显示器上显示学员工作站的有关数据,包括飞行器姿态指示器、无人机及其所在地区的精密地图。每一次训练,教员可以选择一种无人机、负载、工作岗位和任务剖面,教员可以从事先编好的一系列飞行剖面中选择其一。这些飞行剖面描述可能的转弯、高度和速度变化、起飞条件等。然后由学员按照选定的飞行计

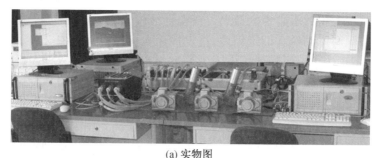

(a) 实物图

(b) 半实物仿真系统结构

图 6.8　双机编队的半实物仿真系统

划使用真正的指挥和控制设备操作无人机飞行,教员则在显示器上监视飞行。在飞行中的任何时候,教员均可以引入未对准跑道、噪声、环境干扰、系统故障及其他的飞行异常。在飞行中,教员监视、评价(人工或自动)并记录学员的成绩。飞行后,教员和学员可以回顾飞行中的事件和反应,以便识别错误、讨论正确的反应,在实际飞行前更好地提高操作技能水平。

　　任务计划模式一般采用单站配置方式,允许操控人员构建飞行任务计划进行训练,并可修改和存储计划以备将来使用。按照用户所阐述的各种性能参数生成直线和圆弧,进而可以绘制精确的飞行剖面,该剖面可显示所要求的机动、区域边界、飞行走廊和回收区域,通过飞行器性能和最终飞行时间计算出爬升／降落时机和水平飞行航程。在飞行剖面产生和存储后,操控人员可以反复练习,直到对自己的熟练程度满意为止。可以使用微机键盘、鼠标和数字式绘图仪进行输入。可编程的任务属性由下列细节组成:飞行器地面跟踪、回收区域、转弯角度标记、空速标记、有效负载(拉烟、曳光、雷达散射截面(Radar Cross Section,RCS)增强、电子对抗等)、禁飞区域、走廊限制、高度标记、爬升／降落点等。

6.3.2　模拟作战演练

　　对于无人机作战的演练,也可以利用模拟训练技术来完成。在单项无人机模拟训练仿真环境开发完成后,即可以进一步构建更大范围基于模拟训练的无人机作战演练仿真模拟训练系统。通过对无人机作战演练仿真模拟系统进行有效的组织和管理,模拟训练可以发挥最大的军事效益。总结美国等国家模拟演练的做法,无人机模拟作战演练的组织管理需要考虑模拟作战演练的组织形式、组织过程和管理机制。

1. 组织形式

在组织形式上,模拟训练的演练大体上可分为单一兵种演练和联合多兵种演练。单一兵种演练在兵种作战训练指挥机关领导下由兵种内的作战实验室负责实施。联合多兵种演练是由联合作战实验室以兵种作战实验室为支撑来实施的,同时又对其进行指导和协调。在基于广域网的基础设施的支撑下,应构建联合作战实验室,以解决联合作战实验项目协调、作业配合和资源共享等问题。

无人机的模拟训练目前以单一的人员培训训练为主,未来在联合多兵种演练方面会更加重视。

(1)单一兵种演练。

兵种训练部门应参与兵种作战实验室的构建,并在实验室内开发若干虚拟模拟训练系统。每一个作战实验室都相应有若干固定的试验合作"部队",并与相关科研单位协作。如果在科研生产部门开设作战实验室的分支研究机构,并直接参加试验研究,将能获得更大的军事经济效益。作战实验室在硬件和软件上要考虑到未来模拟训练的所有作战要素。

(2)联合多兵种演练。

联合多兵种演练是由一体化联合作战实验室负责的。由于联合多兵种演练的内容多、涉及面广,因此通常应由联合司令部制定总体演练计划,对演练任务进行项目分解,组织和协调各单位实施,并针对演练结果汇总写出正式的联合作战演练报告,提出结论、建议和措施。

在条件允许的情况下,应建立"联合作战试验中心",负责整个联合训练系统的训练和演习计划,加强联合条令的开发,凭借分布式虚拟训练系统的网络平台,采用虚拟环境演练和兵种实兵演习等方法研究新的作战思想、作战技术,通过演练来分析和评估作战方案的适用性、可行性和有效性。

2. 组织过程

按演练的任务来区分,虚拟作战演练主要有战略对策模拟、作战建模与仿真、演示性评估和高级作战试验等演练形式。

(1)战略对策模拟。

战略对策模拟主要是对未来 10 ~ 20 年的国家安全环境、军事威胁和作战能力需求进行长期预测,为后续作战实验的展开提供总的指导框架。战略对策模拟通常由分别扮演参战各方的数个专家组按预先拟定的未来冲突想定实施,各专家组要在想定背景下就冲突态势、战略目标、联邦组兵、兵力使用、武器系统、作战过程等问题进行对抗式研讨，形成具有较强前瞻性的评估结论。

（2）作战建模与仿真。

作战建模与仿真通过开发作战想定并进行多次演练，从而对作战概念和作战能力进行深入、具体的综合实验评估，包括单件武器评估、武器系统评估、战术评估、联合作战评估和战略评估。

（3）演示性评估。

演示性评估包括先进技术演示、先进概念技术演示和联合作战互操作演示等，主要用于评估未来技术的应用前景、成熟先进技术和在研武器系统投入作战应用的可行性，以及联合作战条件下各军兵种装备的互联互通能力。演示性评估的目的主要是选择和推动先进技术的研究和开发，加速新式装备的研制、采购和列装，促进作战概念和先进技术在创新过程中的紧密结合，从而加速未来联合作战能力的生成。

（4）高级作战试验。

高级作战试验是根据总的联合试验计划，由一个军种或诸军兵种联合实施的大规模作战试验。高级作战试验通常采用实兵试验性演习与虚拟演练相结合的形式实施，主要用于对作战概念和相关技术进行综合检验与评估。

模拟训练演练的组织过程通常可分为五个步骤：一是构思，由专家小组对初步设想进行讨论，确定后向管理部门提出申请；二是计划，当申请获得批准后，制定详细的研究计划；三是准备，在开始演练前搜集整理更多更深入的相关资料，做好实施的准备；四是实施，具体根据事先的计划展开实施；五是分析和评估，演练结束之后，对演练过程中收集到的数据和信息进行分析，评估开始阶段所提出设想的可行性，并撰写有关报告向上级管理部门提交。

3. 管理机制

按照真实军事演习的设置，模拟训练系统中除进行交战的红、蓝双方外，还存在红蓝上层的管理方，在模拟训练系统中称为演练管理器。演练管理器的功能对应于真实军事演习中的导演台，负责演练前的规划、准备，演练中的监控、记录，演练后的回放、分析等任务。

根据模拟训练的特点，把整个演练周期分为三个阶段，即演练前阶段、演练进行阶段和演练后阶段。演练管理器在演练前被激活，并一直持续整个演练周期。在各阶段，演练管理器的具体功能如下。

（1）演练前管理。

在演练前阶段，需要确定作战想定和双方演练的科目，根据想定作业进行任务规划，配置双方兵力、作战环境和仿真资源，设置双方的任务，进行演练的各项准备工作，并进行演练前的初始化。任务规划包括选择作战想定、确定演练地域、加载演练地域的二维地图、规划并配置双方兵力、配置双方各仿真实体的仿真资源(如 IP 地址、端口号、地形或各种专用数据库等)、为双方各仿真实体生成任务等。

(2) 演练中管理。

演练管理器在演练进行阶段主要进行双方演练中仿真数据的实时收集和记录、演练进程的实时监控、演练态势的实时显示等任务,必要时可以实时干预演练进程。这一阶段涉及与仿真实体较多的交互。具体的工作有以下几项:一是实时数据记录,即记录各仿真实体的状态和重要事件,为演练后的分析做准备;二是实时网络监控,其目的是监控网络的资源占用情况,协调各仿真节点对网络资源的需求和占用,保证演练顺利进行;三是实时演练态势显示,在平面观察器上显示双方或单方的演练态势;四是实时演练进程监控,这一部分是演练的观察者或指挥人员在演练态势显示支持下监控演练进程,必要时还可以实时地干预双方演练,如中止或重启演练等。

(3) 演练后管理。

演练结束后,演练的指挥员和专家在演练管理器的支持下进行演练过程的回放、双方作战分析和演练效果的评估等工作。演练管理器在这一阶段的任务包括演练过程回放、各类数据分析、双方作战过程分析和演练效果评估等。在回放过程中,指挥员可以分析双方作战的得失,评估演练效果。

参考文献

[1] 籍长国. 军用无人机系统概论[D]. 长春:空军航空大学,2009.

[2] 于坤林,唐毅. 无人机结构与系统[M]. 2 版. 西安:西北工业大学出版社,2021.

[3] 李志,张传超. 无人机系统发展史[M]. 北京:航空工业出版社,2020.

[4] 瓦拉瓦尼斯,瓦克塞万诺斯. 无人机手册[M]. 北京:国防工业出版社,2020.

[5] 符长青,曹兵,李睿堃. 无人机系统设计[M]. 北京:清华大学出版社,2019.

[6] 季晓光. 美国高空长航时无人机:RQ-4 全球鹰[M]. 北京:航空工业出版社,2011.

[7] 朱宝鎏. 无人机空气动力学[M]. 北京:航空工业出版社,2020.

[8] 王永明,徐悦,周人治. 无人机动力系统技术[M]. 北京:航空工业出版社,2020.

[9] 王春利,戴佳,王天绶,等. 微型涡喷发动机发展现状与应用技术研究[J]. 航空科学技术,2018,29(S1):1-5.

[10] 刘莉,曹潇,张晓辉,等. 轻小型太阳能/氢能无人机发展综述[J]. 航空学报,2020,41(3):1-28.

[11] 王巍巍,李丹,曾军. 国外水平起降临近空间高速飞机动力的发展[J]. 燃气涡轮试验与研究,2014,27(1):57-62.

[12] 熊恒. 微型涡喷发动机设计点辨识与表征[D]. 长春:长春理工大学,2019.

[13] 陶建武. 飞机自动控制系统[D]. 长春:空军航空大学,2009.

[14] 韦加,无人机教材编写委员会. 无人飞行控制技术与工程[M]. 北京:航空工业出版社,2021.

[15] 陈金良. 无人机飞行管理[M]. 西安:西北工业大学出版社,2014.

[16] 李屹东. 大中型察打一体无人机系统综合设计技术[M]. 北京:航空工业出版社,2020.

[17] 赵志勇. 数据链路技术与系统[M]. 2 版. 北京:电子工业出版社,2020.

[18] 丁全心,朱荣刚,王合龙,等. 无人机系统任务载荷[M]. 北京:航空工业出版社,2020.

[19] 林雪原,李荣冰,高青伟. 组合导航及其信息融合方法[M]. 北京:国防工业出版社,2017.

[20] 刘伟荣. 物联网与无线传感器网络[M]. 2 版. 北京:电子工业出版社,2021.

［21］蔡超. 无人飞行器任务规划及评估［M］. 武汉：华中科技大学出版社，2020.

［22］毛红保，田松，晁爱龙. 无人机任务规划［M］. 北京：国防工业出版社，2014.

［23］王进国，张苇，张庆杰，等. 无人机系统作战运用［M］. 北京：航空工业出版社，2020.

［24］李春锦. 无人机系统的运行管理［M］. 北京：北京航空航天大学出版社，2011.

［25］塞班，刘树光. 智能自主飞行器：无人机飞行控制与规划［M］. 北京：国防工业出版社，2022.

［26］赵先刚. 无人作战研究［M］. 北京：国防大学出版社，2021.